科学图书馆 发现与发明的里程碑

现代机器人技术

——万能机器的制造

Modern Robotics

[美] 哈里·亨德森 著 管琴

上海科学技术文献出版社

图书在版编目（CIP）数据

现代机器人技术/（美）哈里·亨德森著；管琴译．—上海：
上海科学技术文献出版社，2011.1
（科学图书馆．发现与发明的里程碑）
ISBN 978-7-5439-4581-4

Ⅰ．①现… Ⅱ．①哈… ②管… Ⅲ．①机器人—普及读物
Ⅳ．①TP242-49

中国版本图书馆 CIP 数据核字（2010）第 235428 号

Milestones in Discovery and Invention: Modern Robotics

图字：09-2007-775

责任编辑：谭　燕
美术编辑：徐　利

现代机器人技术
——万能机器的制造
[美]哈里·亨德森　著
管　琴　译
*
上海科学技术文献出版社出版发行
（上海市长乐路 746 号 邮政编码 200040）
全国新华书店经销
江苏常熟市人民印刷厂印刷
*
开本660×990 1/16 印张11.25 字数184 000
2011年1月第1版 2011年1月第1次印刷
ISBN978-7-5439-4581-4
定价：20.00元
http://sstlp.com

内 容 简 介

《现代机器人技术——万能机器的制造》一书介绍了20世纪以来的机器人技术的发展，甄选了10位具有代表性的科学家，并介绍了他们发明的适用于各种领域与场合的机器人：工业机器人、家用机器人、服务型机器人、人形机器人……从书中我们也可以看到，这些发明界的先锋者正在通过自己的努力，一步步地改变我们所生活的世界，将尖端科技带到人们的日常生活中来。

目　　录

前　言

现代科学与发明的关键性进展建立在一些看似简单却具真知灼见的想法之上，那就是——科学技术与人们的生活息息相关。事实上，它们也正是我们探寻这个世界的秘密、重新塑造这个世界的一部分，也在某种程度上改变了人类的生活。

在100多万年前，现代人类的祖先开始将石块制成工具，这样他们便可与周围的食肉动物竞争。大约从3.5万年之前开始，人类开始在岩洞的石壁上绘制精美的壁画与其他手工艺品，这些都表明技术已与人们头脑中的想象、与人们所操的语言交融在一起，一种崭新的躁动不安的艺术世界的帷幕渐次拉开。人类不仅仅在塑造着他们所处的世界，还用艺术的方式去表现它，用自己的头脑去思考，思考世界的本真及其含义。

技术是文化的基本组成部分。许多地方的神话传说中都有一个叛逆者的形象，他轻而易举地摧毁了既定的顺序，而代之以令人耳目一新的、饱含颠覆性的可能。在许多神话里，都可提炼出这样一个例子：一个叛逆者，例如一只来自美国的山狗或是乌鸦，从上帝那里偷来火种，并将它交到人类手上。所有的技术工具，无论是火、电还是锁在原子与基因中的能量，都如同一把双刃剑，仿佛从那个叛逆者手中接过来似的，它们发出的能量既可以治愈人类的创伤，又可以给人类致命的一击。

一个技术的发明者常常会从科学发现中寻找灵感。就像我们所知道的一样，当今的科学远比技术要年轻，回溯历史，便可发现它起源于大约500年前的文艺复兴时期。在那个时期，艺术家与思想家们开始系统地探寻自然的秘密；而第一个现代科学家，例如列奥纳多·达·芬奇(Leonardo da Vinci，1452—1519)与伽利略·伽利莱(Galileo Galilei，1564—1642)，在一些器具的帮助下，通过做实验，拓展了人们对于物体在空间中的位置的认识。紧接着，一场革命性的解放运动轰轰烈烈地展开了，最具代表性的则是以下几位天才：在机械制作与数学方面有着卓越贡献的艾萨克·牛顿(Isaac Newton，1643—1727)，发现生物进化规律的查尔斯·达尔文(Charles Darwin，1809—1882)，在相对论与量子物理方面有着开创性贡献的阿尔伯特·爱因斯坦(Albert Einstein，1879—1955)以及现代基因学的鼻祖詹姆斯·沃森(James Watson，1928—)和弗兰西斯·克里克(Francis Crick，1916—2004)。当今科技领域新出现的基因工程、微缩工艺以及人工智能等各领域都有着能够独当一面的主导者。

牛顿、达尔文以及爱因斯坦这些鼎鼎大名的名字都能够紧密地与那些科技革命联系在一起，这些革命代表了现代科技中作为个体的人的重要性。这一系列的每本书都遴选了 10 余位在科学技术方面作出杰出贡献的先锋者，并将目光集中在他们的人生与成就上。每一本书都开辟了一个新的领域：海洋科学、现代遗传学、现代天文学、法医学与数学等。尽管最早的开拓者起到了重大的作用，但这套书所论述的重点则是 20 世纪以来甚至是当今的研究者们。

每一卷的传记都按照一定的顺序排列，这种顺序反映了作为个体的研究者们的重大成就的变化过程，但是他们的人生经历常常是枝蔓缠绕，不那么容易一下子看清。每个人的具体成就都离不开他们当时所处的环境，也离不开他们工作中的协作者以及给他们的研究提供帮助的外界力量。牛顿有一句名言："倘若说我能(比其他人)看得更远，那是因为我站在巨人的肩膀上。"每一位科学家或发明家的成就都不是无源之水，而他们甚至要经过一个跟前人暗暗较劲的过程才能超越他们。作为个体的科学家与发明家也与他们的实验室的其他同事乃至别的地方的人发生着种种联系，有时还得益于广泛的集体的努力，例如 20 世纪末启动的政府赞助与私人赞助，它们都为人类基因组的研究提供了一些帮助。科学家与发明家们不但影响着经济、政治与社会力量，反过来也受着它们的影响。在本书所属的这个系列中，科学和技术活动与社会制度的发展之间的关系也是一个重要的议题。

在传记之外，本书还备有扩展阅读，提供了另外一些特定的研究对象。每一章后面都附了一份年表以及扩展阅读的建议。除此之外，在每本书的末尾还附有学科发展年表。在书中还插入了以下一些工具条，以便给我们提供一种更好的视角，从而更快地进入到那个由科学家与发明家共同构建的世界中去：

相关链接：描写一些具有个性特征的工作与科技发展的联系

亲历者说：为发现与发明提供第一手资料

争论焦点：对由发现与发明所引起的科学或伦理问题的探讨

其他科学家：描述的是一些在这项工作中起到重要作用的人

相关发明：展示了一些与之类似的或相关的发明

社会效应：提供了有关发明创造对我们所在的社会或个人生活的影响的相关讯息

科学成果：解释了一名科学家或发明者如何应付一项具体的技术上的难题或者说挑战

未来趋势：描述了随着时间的变化，这些技术所发生的进展，相关的一些数据也在此处被公布

在这套书中，我们讲述的是人类不断寻求真理、勇于探索、不懈创新的故事，我们也希望亲爱的读者能够被这些故事所吸引、鼓舞，得到一种潜在的力量。我们希望能够给读者铸造一座桥梁，一起走进科学与发现、发明的世界，并且能够尽情游弋于这个广阔的世界中，在其中找到内心更深刻的共鸣。

鸣　　谢

在这里我想向机器人研究专家约瑟夫·英格尔伯格(Joseph Engelberger)、罗德尼·布鲁克斯(Rodney Brooks)、马克·罗伯特(Marc Raibert)以及丹娜·雪莉(Donna Shirley)表示谢意,感谢他们暂时抛开繁重的工作日程,随时解答我的问题,并提供了相关的图片。本书的编辑弗兰克·丹姆斯丹特(Frank Darmstadt)一直从头至尾地默默地跟进此书,在这里要特别感谢他。此外,还要感谢副本编辑艾米·库娃(Amy L. Conver)。最后,我还要谢谢与我度过生命中的每一天的爱妻丽莎·扬特(Lisa Yount),她既是本书的第二作者,也是一位处于上升阶段的艺术家,同时也是我最忠实的伙伴。

简　　介

尽管真正的机器人直到20世纪的下半叶才被制造出来，但有关机器人的设想却已在人类的脑海中盘桓了很长很长的一段时间。

若要追溯人造机器人与机器仆人的形象的起源与变化过程，那大概可以从远古时的神话中找到蛛丝马迹。举个例子，希腊神话中有个神是专管金属制造的，名叫弗尔康(Vulcan)或是赫菲斯托斯(Hephaestus)，据说这个神曾经发明了两种机器仆人：它们都是举止优雅、穿金戴银的高级侍女，拖着三条腿走在桌面上(恐怕这是更实际的)。

在中世纪的犹太人那里，黏土做成的人造假人也被发明出来，一个魔术师只要念着坎伯拉(Kabbalah)咒语就能随心所欲地操纵它们。具体的操作办法被记在一本名册上，藏进了假人的头颅中。犹太人中还流行着一个传说：一个假人接收到填井的命令，但命令并没有显示什么时候停止填井。很快地，井周围的房屋都被水淹没了，这恐怕是人类技术史上的第一次重大失误。对假人操纵失控的担心始终不能消散，甚至在制造真正的机器人的时候，也不能完全免除这种恐惧。

机器人与理性时代

文艺复兴时期，人们对人体的构造与机械原理产生了浓厚的兴趣。15世纪晚期以及16世纪早期，著名的艺术家及发明家列奥纳多·达·芬奇(Leonardo da Vinci)绘制了许多幅机械图，几乎都依据着自然界的法则。其中的一幅图显示：一名机械骑士能够移动它的头部与下颚，坐直身体，并挥舞臂膀。

到了18世纪，复杂机器人的制造引起了欧洲皇廷的震怒。一名叫杰克斯·达·梵坎松(Jacques de Vaucanson)的发明家制作了一个能够吹奏长笛的机器人或者叫自动控制的类人装置。他的另一项发明则是一只机器鸭子，这只鸭子能够模仿真鸭的进食、消化甚至排泄。尽管这些机器装置的制作并不如何复杂，也算不上真正的从现代意义上说的机器人，但它们的出现在机器人制造史上也是值得大书特书的。它们做的每一个动作都由时钟、凸轮以及其他机械装置所掌控。它们的行动都是固定的、预先设计好的，并不能根据周围的环境调整其动作。

机器人似乎代表了所谓理性时代的胜利。在这个时代，一门新出现的饱含着强烈的自信的科学掌控着关于引力与行动的种种奥秘。对很多旁观者来说，这些理论与技术上的进步与革新都说明了一个问题——人类既然能够制造一个模仿动物甚至人类自身的机器出来，那么不妨把生物都看作复杂的机器装置，而这种复杂性，也将很快地在科学进程中得到揭示。

参与型的机器人：20 世纪的科幻小说

20 世纪刚刚拉开帷幕，一次有关新科学理论与发明的爆炸性事件发生了，这次事件引发了一种文学题材的开创与流行——这种文学题材所寻求的正是这次爆炸性事件所蕴含的内在意义，它所描述的也是这次事件可能导致的未来生活的转向。在 20 年代以及 30 年代的科幻杂志中，“虫眼怪物”的形象常常和举止笨重的机器人的形象密不可分。这些机器人常常冷酷无情地执行着各种邪恶计划。

在其他一些媒介中，机器人的形象也得以频频出现。机器人(robot)这个词，最早出现于捷克剧作家卡雷尔·卡帕克(Karel Capek)于 1921 年写的剧本《罗森的世界机器人》(Rossum's Universal Robots)。这本书以及弗里茨·朗(Fritz Lang)于 1927 年拍摄的影片《大都市》(Metropolis)中，机器人这个形象都呈现出一种融入社会的维度，代表着机器对人类世界的威胁，并预示着工业世界所特有的一种无情的冰冷的节拍。

正在一些人们展开充分的想象力，使人们越来越惧怕机器人的存在时，小说家艾萨克·阿西莫夫(Isaac Asimov)创造了一些能够操控它们的工程师的人物形象。在阿西莫夫的小说中，机器人变成了(而且经常是)值得人们信任的义仆，并且仿佛生下来就是为了按人类的原则行事，并能趋利避害。

发明机器人的第一步

20 世纪 40 年代，数字电脑以及复杂的电子控制系统得到了空前的发展，这也为工程师设计制造机器人提供了一些很实用的手段。本书中第一个出场的科学家诺伯特·维纳（Norbert Wiener），虽然是一名数学家，其兴趣却很广泛，他对计算机、游戏理论，乃至神经学之类的学科都有关注。在当时，控制论关乎机器（包括机器人）制造中的相互交流、反馈及控制等等，是作为一种急需的理论构架而出现的。

机器人族谱

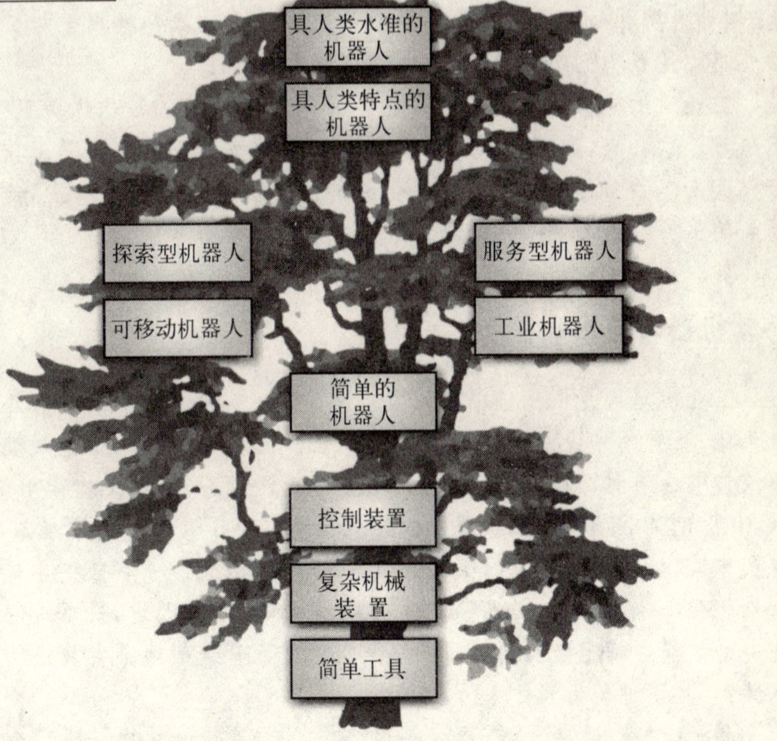

以上族谱向我们展示了机器人是如何从复杂的工具与机器转化而成如今这个模样的。在它们越来越移动自如的时候，机器人也开始在人类生活中扮演着不同的角色，无论从结构还是从行为上看，都与人类的相关行为越来越接近。

一些研究者如格雷·沃尔特(Grey Walter)制造了一些更灵活的机器人,它们能够自如地滚动,并能机敏地寻找光源或是其他与环境相关联的物体。到了20世纪60年代中期,一个名叫沙克(Shakey)的滚动型机器人开始笨拙地在斯坦福研究中心的走廊里缓缓行进,并试着传达电视摄像机所记录的图片中蕴含的语言。

不过,第一个真正的机器人还是由工程师兼企业家约瑟夫·英格伯格(Joseph Engelberger)与发明家乔治·德沃尔(George Devol)在制造通用机械手时共同创造的,这也是第一个工业用的机器人,于1961年进驻通用汽车公司的车间。从本质上说,通用机械手就是一条巨大的手臂,它能够适应各种各样的需要握力的设备和工具。机器人只要得到合适的安置,就能不知疲倦、不惧艰险地工作,这些工作往往是普通工人难以胜任的(例如投掷并处理经过铸烧的炽热的汽车零件),或是枯燥乏味又需要持久集中注意力的(如固定某样东西或是刷油漆)。

工业用的机器人提高了生产效率,并使工厂内部的运作保持竞争力。正是基于这一点,到了70年代,日本人也开始使用机器人为其工作。尽管有些人惧怕工作机器人的出现会造成失业率的上升,但事实上,使用机器人的第一波浪潮并未带来任何毁灭性的影响。

移动机器人与探索者

工业机器人是根据集中装配线路设计的。机器人的研究者们并不满足于此,而是想方设法地制造新的机器人。在他们的构想中,这种机器人不仅能够在各种环境下活动自如,还能够善解人意,并迅捷地作出反应。从20世纪70年代开始,机器人的导航系统取得了大幅度的进展。到70年代末,汉斯·莫拉维克(Hans Moravec)对世界上第一个自我导航机器人斯坦福·卡特(Stanford Cart)作了改进,通过这次改进,机器人便能够在一个放满了横七竖八的椅子的房间里行进而奇迹般地不会被任何障碍物绊倒,真正通行无阻。

到20世纪80年代,机器人甚至会像人类及其他动物一般行走。马克·雷伯特(Marc Raibert)成立的位于麻省理工学院的“腿实验室”对两种类型的步态进行了分析,一种是属于人类与其他动物的,一种则是能够行走2—4英尺、甚至能像考拉一样跳跃的机器人的。其他研究者如罗德尼·布鲁克斯(Rodney Brooks)(同样在麻省理工学院工作)则注意到机器人的走路姿势还能够从昆虫身上找到灵感。

随着空间时代的到来，人们越来越渴望了解太阳系，超越所有宇航员所能达到的程度。这种渴望也导致了空间探测型机器人的发展。在麻省理工学院与位于加利福尼亚帕萨德那的“喷气动力”实验室中，研究者们发明了一种能够跨越千万英里的距离，在火星与其他行星上搜集数据的机器人。1976年，这些外星球登陆者们提取了一些火星土壤作为样本。到20世纪末，由于设计师如丹娜·雪莉(Donna Shirley)的不懈努力，机器人研究取得了突破性进展，移动机器人已成为各大行星上的漫游者，它们经常绕着火星等行星旅行，寻找有趣的岩石与其他成分。

从支援者到共事者

回到地面上，移动机器人也在我们的日常生活中扮演着十分管用的角色。在一些医院里，机器人助手(由发明通用机械手的约瑟夫·英格伯格改进而成)即使没有人们的监督，也能够敏捷地传递药品与医疗记录。除此之外，机器人甚至开始成为家庭中处理家务的好助理。真空清洁器型机器人鲁巴(Roomba)(由科林·安格尔、海伦·格林纳、罗德尼·布鲁克斯设计)就是家务劳动中的一把好手，它能够让家里的地面纤尘不染。未来的时光，机器人会起到更大的作用，或许它们能够带着行动不便的老人散步，只要一声令下，人们想取又取不到的东西随手即来，而人们的医护条件也会得到大大的改善。

机器人的最终形态——它们广泛出现于人类的原始神话故事与现代科幻小说中——意味着有这样一群人：其外形与举止与普通的人类无太大差别。洪达的阿西莫(Asimo)机器人(由海罗丝·马萨托率领的团队开发)看起来就像一个个儿高挑的男孩子，无论是走是跑都与常人无异。但是一个具备了人的特性的机器人从本质上说，应该有思考、学习甚至感知其他人的举动的能力。罗德尼·布鲁克斯(Rodney Brooks)和辛西亚·布莱泽尔(Cynthia Breazeal)在20世纪90年代发明的机器人考格(Cog)和科斯麦特(Kismet)就已经向有机体的功能又靠近了一步，因此在机器人发展史上也占了一席之地。这些机器人能够根据与人类之间复杂的交互能力、感知思维、行动能力以及它们从人类所生活的环境中观察到的细枝末节，自动地安排自己的行为方式。而在所有研究发明者的心里，都希望机器人具备越来越多的社会性，能够如盐入水般地融入人群之中。

机器人的发明犹如一把双刃剑，对它们高度重视的同时也带来了一些基本的哲学、伦理问题。在工业社会中，机器人的结构越来越复杂、精密，它们也成为人类反观自我的“他者”。研究者们也提出了机器人对人类生活潜在的挑战与改变，各执一词，争论不休。汉斯·莫拉维克(Hans Moravec)认为，到了本世纪中叶，机器人能够达到甚至超越人类的智力水平。第一个发现人类神经中枢控制功能的凯文·沃维克(Kevin Warwick)则认为，机器人越来越像人类的同时，人类也越来越多地接近于它们，并逐渐成为一种能够运用机器人技术去拓展人类自身的肢体能力与心智水平的“电子人”。

那么，未来世界中人类与机器人之间的关系究竟怎样呢？2002年8月19日，罗德尼·布鲁克斯(Rodney Brooks)在BBC的新闻节目《艰难的对话》中宣读了以下一份祈愿书：“在当今这个时代，每一门科学、每一项技术都在传达关于我们自身的更多的信息，这些信息令我们恐惧。一直以来我们都尽着最大的努力，驱散心中的这种恐惧，越来越深入地了解自己。”

从实际的角度讲，这份声明也催生了生物科学与机器人技术的进一步结合。日本京都的ATR计算神经系统科学实验室的负责人米特苏·卡沃托(Mitsuo Kawato)声称：一项新的进展在2005年1月在麻省理工学院出版的《技术评论》(Technology Review)中出现。卡沃托的实验室对人类大脑进行了细致的研究，并设计出一种新型机器人，这种机器人的神经系统和大脑结构都与孩童的不相上下。卡沃托说：“只有将脑部功能复制到人造机器中去，我们才能更好地理解人类大脑加工、处理信息的具体过程。”

1

一门新的科学

——诺伯特·维纳与控制论

到20世纪为止,人们已经发明出许多结构复杂的装置,范围从蒸汽机与结构繁复的手工制品,到复杂的电报与电话网络等等,应有尽有。而一个机器越是复杂,也就越难为人们所驾驭。结果是人们越来越热衷于制

诺伯特·维纳在数学、科学等各个领域都作出了杰出贡献。但他的最大贡献则是控制论的提出,这是一门关于交流与控制的科学,其出现成为设计机器人这样的复杂机器的过程中的基础理论。(美国物理学院提供)

造自动控制转换的系统，这样便能使货船避免触礁自沉，也避免电话信号的传输动辄跨越数千英里。更重要的是，20 世纪的战争带给人们的阴影也使人们渴望一种新的技术的出现，例如设计出一种防空装置，能够监测并预报酝酿爆炸者的行动路线。

只有行动与光速相差无几的电子电路才能够迅速地应对人类所面临的挑战。但在技术专家们设计出新的电路装置的时候，科学家们发现他们还亟须一种理论，否则他们无法解释信号与信息是如何在机器与其周围的环境间行动、游走的。正是缺少这样一套理论，技术人员发现所谓的控制力并不像他们想象的那样。举个例子，一把自动高射枪常常来回伸缩转动，而不是将目标锁定于某个具体的物件。

要想对交流与控制系统有更深刻、更准确的认识，就必须借助于生物学(特别是神经生理学)、新的数学以及电子领域的新拓展。作为一名数学家，诺伯特·维纳有着深远的眼光，能够将各学科、各领域都结合起来，并建立起一门新的学科——控制论。紧接着，控制论便为现代机器人与自动控制科学打造下坚实的理论基础。

儿时惊人的天赋

诺伯特·维纳(Norbert Wiener)出生于 1894 年 11 月 26 日。他的父亲是密苏里大学现代语言学系的一名老师，母亲也是一名文化教育工作者。维纳的父母很早就意识到维纳较一般孩童而言，智力超群。在他只有 18 个月大的时候，就已会背字母表。学会走路之后，就喜欢坐在父亲的工作桌前读书，他还从书里找出一些有趣的插图与单词，并苦苦思索其含义。晦涩难懂的科学书籍与杂志同样是他的最爱——特别是一些自然科学类的书籍。

令人惊奇的是，小维纳的数学却比语文要差一些。维纳的父亲决定亲自进行对小维纳的教育。在父亲的悉心教导下，小维纳在数学与其他学科上都进步惊人，不过这也是有代价的。在 1953 年出版的自传《天才少年》中，诺伯特·维纳回忆了这门由父子共同完成的特殊的代数课的情况：

“一经发现错误，就立即要改正。在讨论的时候，父亲会先以一种随和的、健谈的口吻开场。如果我不犯错的话，这种口吻

会一直持续下去，但只要犯了第一个错，我的友善的、有礼的、慈爱的父亲会完全变了一个人，他会血脉贲张、大声咆哮。他最初给予我的是一种对还未犯的错误的宽容，而突然之间一切都变了，代替它的是一声尖厉的、仿佛大吸一口凉气的‘什么！’在这种情况下，如果我还傻傻地不能马上跟上他所说的，他就会严厉地警告我：‘再把这个重做一遍！’一直到现在，只要一想起这个场景，我还会汗流浃背，四肢冰凉。”

在这些课程中，赞扬与鼓励的话很少很少，而羞愧与耻辱的感觉却铭记于心，久久不能四散。在自传中，维纳对他的父亲表示了由衷的尊敬，但同时他也指出了父亲带给他的心理上的创痛，这种创痛一直萦绕在他们之间的关系中。终其一生，维纳都饱尝着一种如同今天所说的“两极混乱”的痛苦，其情绪也很容易处于两极状态，海水与火焰并存。

与其他的天才少年不同，小维纳的身上表现出充沛的精力，他非常喜欢体育运动，例如远足、郊外野游，或是在农场打杂。不幸的是，小男孩的身体却很笨拙，部分原因是因为他的视力太差，看不清东西。如同他日后在自传中所说的：

“身体的灵敏度……取决于人体机能的一整套链环。而这套链环就是从眼睛开始的，眼睛将部分功能传达给肌肉运动，接着眼睛还要监督这些功能的完成情况。要锻造健美协调的身体，需要肌肉弧与视觉弧都分别达到同样完美的程度，而这种弧之间的交流、联系也必须是准确的、不间断的。”

在维纳于1956年出版的自传的第二册《我是一名数学家》中，他以走路为隐喻，论述了生活中的不可测的一面：

“人体的平衡与我们在生活中发现的其他的平衡一样，并不是静止的，而是来自一个不间断的有着内在相互影响的过程。这个过程即是与导致人不断衰亡不断消歇的力量与趋势的抗争。无论是站是走，都属于与地球重力抗衡的‘柔术’；而所谓生活，也是与死亡抗争的永恒较量。”

也许正是因为维纳天生地不能掌握自然协调性，所以他才下决心研究其中蕴藏的玄机，为了解释它，他最终开创了一门新的学科。

后来维纳还是回到学校接受教育，年仅 11 岁，就已高中毕业。一年以后，维纳进入到马萨诸塞州麦德福的塔夫兹学院（后来的塔夫兹大学）学习，在那儿，他被《纽约世界》列为美国历史上最年轻的大学生之一。这时维纳想学习动物学，但正如他后来在自传中所说的，他在化学课中所做的实验“其对器材的耗费程度，在塔夫兹学院的学生中可能是首屈一指的”。——相比而言，在生物实验室所做的解剖实验则好一些。渐渐地，身体上的遗憾使他在数学方面用功日深。对此他俏皮地说：“犯了错不要紧，只要能立即改正，用铅笔轻轻一划就可以了。”3 年以后，年仅 15 岁的维纳获得了数学学士学位，数学系的教授甚至让他代替他本人给学生们上课。

天才数学家

进入哈佛学习之后，维纳开始集中精力学习动物学，但他发现自己在从事实验室的研究的时候，不像以前那样自如。在父亲的敦促之下，他接受了科内尔大学的毕业奖学金，在那里学习哲学与数学。但时间长了，他仍然觉得不满意。1911 年，维纳返回哈佛大学，在那里，他仍然能够学习哲学与数学。1912 年，他获得了硕士学位，一年之后又以数学逻辑（有关问题论证的原则）为选题，拿到了博士学位。在当时，对数学范围的界定占据着学科主流的地位。

有了博士头衔之后，维纳获得了一笔奖学金，也获得了跟随欧洲的几个最著名的数学家学习的机会。这些数学家包括英国数学家、哲学家伯特兰·罗素（Bertrand Russell）与阿尔弗雷德·诺斯·怀特海（Alfred North Whitehead）（两人曾经合著过一门界定现代数学的著作——《数学原理》），还有 G. H. 哈德（G. H. Hardy）与德国知名数学家戴维·赫尔伯特（Davie Hilbert）。1915 年，维纳返回美国，并获得了好几个大学的讲师职位。

1914 年，第一次世界大战爆发，当时的美国也参与到战争中。维纳加入了位于马里兰州阿伯丁市的参谋部。在那儿，他完全投身于对于一种急速射击炮的瞄准的示意图的计算与绘制，这种射击炮很快便应用到战争中去。

在麻省理工学院的生活

战争结束以后，维纳在麻省理工学院(MIT)担任教师，并在那儿一直待了下去。当维纳进入学院的时候，学院主要以培养工程技术人员为主，并不很重视数学这门学科。但是维纳对关系到身体功能的数学解释却得到了麻省理工学院的一些教授们的共鸣，他们都觉得尽管外界对电子装置的研究正在轰轰烈烈地展开，对数学上的复杂、精密度也提出了更高的要求，但学院似乎并不十分关心这些。

20 世纪 20 年代，维纳对苏格兰植物学家罗伯特·布朗的学说(显得很随机，其中包含了分子的运动)与谐波的分析都作出了很大贡献。谐波意味着将复杂的波形(例如电信号)进行分解，使其组成部分变得更容易操作。

1933 年，维纳遇到了阿托诺·罗森布鲁(Arturo Rosenblueth)——一位墨西哥的神经生理学家，曾经组织过很广范围的讨论会，力图将生物与物理科学结合起来。维纳也参与其中，其原因有二：一是他毕生对自然界的历史都有着浓厚的兴趣；二是他认识到可以将数学观点与交往理论运用到生物学中——事实上，在以往的生物学中引入数理分析是不可想象的。在这些想法的驱使下，维纳也开始思考电路与动物的神经系统之间的相似之处。

同时，维纳还与凡纳瓦·布什(Vannevar Bush)合作，后者的研究领域也不仅限于数学，他同时也是系统论的思考者，曾经发明过一种与电脑相似的、能够处理多变量方程式的复杂的机器(这种电脑相似体利用物理动力如电力等，建立并解开方程式)。在布什的启发下，维纳开始设想一些有关计算机控制的机器的构造问题，他与另一些研究者们合作，这意味着一场新的具有颠覆意义的信息革命即将进行。

阻止轰炸

1939 年，欧洲卷进第二次世界大战中。这时的维纳还不像后来那样，对犹太人的祖先有深刻的了解，但他还是尽力地保护与帮助流亡美国的德国籍犹太科学家。局势越来越明朗了，看样子美国也会成为参战国，维纳将探究的目光转向弹道学——一门关于飞行中的物体的轨道分析的学科。

第二次世界大战中使用的轰炸机，无论是高度还是速度，都无法与过去在战争中使用的机器相比。这也意味着跟踪机与防空枪的瞄准也不像以前那样适用了。这也是确有依据的：轰炸机的飞行员有了更多的机动性，很容易便甩掉防空枪的瞄准。尽管困难重重，维纳还是能够灵活地运用各种数据，并将罗伯特·布朗的关于分子运动的学说与枪炮瞄准问题结合起来思考。他很快意识到，作为被动一方的机动手的行动往往是随机的，但都不能超越飞机与飞行员的个体能动性。举个例子，一架飞机在飞行的过程中，只要翅膀不掉或者飞行员还没“咽气”，便能够正常飞行，但只能转弯或下落。有了适当的“数据限制”，维纳便发明了一种机枪瞄准的原型装置，这种装置能够探测到一架目标飞机的具体位置，瞄准精确，将其干净利落地击落的可能性便大大增加。

亲历者说：　　　　“维纳的散步”

麻省理工学院的教授与学生眼里的诺伯特·维纳是一位易怒的、甚至容易大发雷霆的“人类现象”。在弗洛·孔维(Flo Conway)与吉姆·斯吉尔门(Jim Siegelman)撰写的关于维纳的传记中，展示了诺伯特·维纳的鲜明的个性：

> *“(维纳)是一位不肯闲下来的人，对什么都充满好奇，他既热爱交友，同时也颇为饶舌。他的一大嗜好是在麻省理工学院的小路上走来走去。30年代的中期，戴着眼镜的维纳教授在学校里的小径与偏僻罕人的地方漫步，堪称麻省理工学院的一道著名风景。他一边走，一边还在手指缝里夹一根雪茄，嘴里叽里咕噜地讲着一些最新的话题，还往往发一些奇谈怪论。……”*

许多关于维纳的逸事与趣闻都成了这座校园中不可分割的一部分，流传了下来。曾经有一次，维纳稀里糊涂地进错了教室，给一群素不相识的学生上了一节课，大家都糊涂了。还有一次，维纳进了教室(这次没有进错)，他大步流星地走向黑板，写了一个“4”，接着就走了出去。后来学生们才意识到这个数字意味着，维纳老师有事情将缺课4周。

但对于维纳的任性，也不是完全无可救药。在孔维与斯吉尔门的书里，有一段一个学生与维纳相遇时的状况：

“他在半路上停了下来，我们正好向着他的方向走过去，他便开始与我们讨论他正在思考的问题。当我们结束了谈话的时候，他又走远了。不过，突然之间他又转回头，走来问我们：‘顺便问一句：你们有没有留意我们碰面之前，我是往哪个方向走的？’我忍住笑，回答道：‘您好像是准备去往8号楼。’他一副恍然大悟的表情，连声道谢，还说：‘噢，那看来我已经吃过饭了。’”

维纳这个人常常显得粗鲁，随心所欲地行事，不大顾及别人的感受。他常常很快入睡（他有呼吸暂停的毛病，这种病意味着呼吸会随时随地中断，睡觉也会被打扰）。这样一来维纳便会经常在课堂上大声地打鼾，但一刹那间又醒过来，极为精彩的论说也随口而来。

反馈

对弹道学的研究使维纳进一步发展了一个核心理念——反馈。当一架飞机飞行的时候，跟踪装置不得不根据其目标的移动位置，不间断地进行调整。从电子学上讲，这意味着从传感器（监控环境的装置）上感知信号。当这种效应发生的时候，它所获得的信息也在发生着变化（举个例子，机枪与飞机之间的角度也在不断的变化中）。这就叫做反馈。

反馈也有消极、积极之分。在消极反馈中，其所获取的信息也被用来纠正这套装置的行动，同时也在不断地削弱获得的信息与所传达的信息之间的区别。如果它能够正常工作，枪里的子弹便能够瞄准目标飞机，并进而摧毁它。而积极的反馈从另一个角度讲，也是通过提高或转换输出的信息来对输入的信息作出应对。我们可以拿扩音器举例，扩音器将声波信号加以重点强调（并进而放大），而所谓“反馈”，产生的效果就是在与一位音乐家的演奏距离太近的时候，电子扩音器会发出嗡嗡的尖厉的声音，这就叫积极的反馈。

电脑与控制

在战争快结束的时候，世界上第一台电子计算机（ENIAC）诞生了。虽然维纳只是间接地参与了计算机的发明制造，他却看到了电子计算机的灿烂前景，他似乎看到了电脑将会控制一些复杂机器例如信号交流控制器等。维纳还为此撰写了一篇论证严密的数学论文，这篇论文在军事学研究者那里广为传播。他在论文中指出，“由电的、机械的以及类似物质执行的关联操作……与电脑执行的计算操作没什么本质的区别。”

维纳预感到，新出现的电脑技术在未来还大有作为。为鼓励这项研

蒸汽装置中的“反馈”

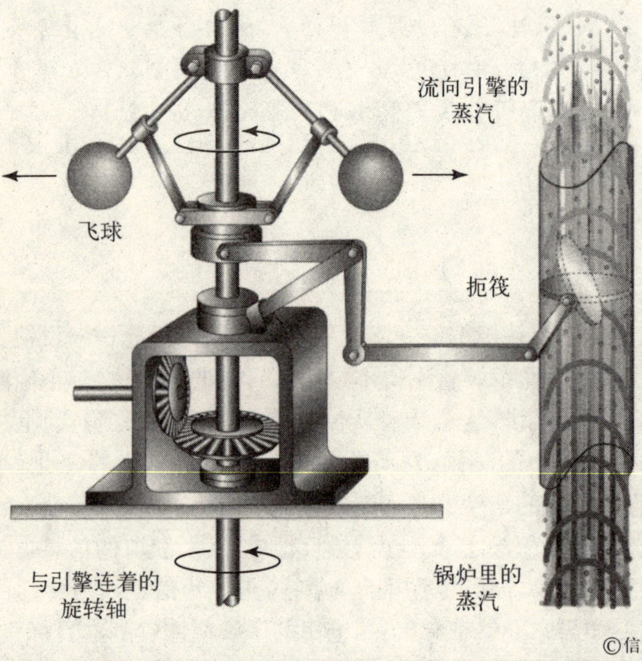

反馈理论最早被用来掌控蒸汽机引擎的压力。当引擎转动的速度加快的时候，旋转球便飞到了一边。紧接着，一股力量便集中到扼筏上，蒸汽的压力便大大得以减轻，引擎发动的速度也渐缓。而当速度太缓以至不转动的时候，相反的过程便开始了，扼筏也被打开，引擎开始匀速转动。

究的发展，维纳于1944年12月向数学家们、电子计算机领域的专家们以及神经生物学家们发了一封公开信，信中呼吁在普林斯顿大学召开一次为期两天的会议。这封信得到了很多科学家们的响应，除了维纳之外，电子计算机的发明先锋霍华德·艾肯(Howard Aiken)与曾经参与研发第一台电脑ENIAC的、知识丰富的数学家约翰·冯·纽曼(John von Neumann)也表示赞成。

一些人对通信工程(研究计算机与控制装置的工程)以及神经系统的交流与控制能力有着强烈的兴趣。他们还试着得出一些结论，声称这些领域、这些研究成果之间的联系使得其研究者也渐渐建立起亲密的联系，这些兴趣一致的人的会面、交流也成为一大乐事。

神经网络

当其他科学家致力于电脑程序的组织与计算机的数据搜集时，维纳仍不改其衷，将精力集中于通信与控制理论上。这对他来说，不仅意味着发现生物体是如何执行这些程序的，也意味着发现神经学与电子结构学之间更多的相似之处。

自从20世纪30年代以来，维纳便密切地关注着阿托诺·罗森布鲁(Arturo Rosenblueth)的工作，特别是他对在控制力丧失下的神经痉挛的研究成果。罗森布鲁发现，在上述情况下，神经发出的信号并不完全准确。维纳也意识到，这与防空枪有一点是相似的：在防空枪那儿，信号往往是回转的，并不能完全紧跟移动着的飞机；而在神经系统中，神经循环也有着反馈的问题。同样地，自动控制系统原理同样也可用来理解神经学。

罗森布鲁与著名的神经精神学家沃伦·麦考罗(Warren McCulloch)、逻辑学家沃尔特·皮特(Walter Pitts)同心协力，发明了一种新的数学，使之能够解释组成大脑信息处理系统的神经细胞(神经元)的网状系统。麦考罗与皮特走得更远，他们声称已建立历史上第一个“神经网”，其工作原理与电路的组成部分相似。

“神经网”理论的提出可以用来解释一个复杂的问题：眼睛部位的感光细胞的排列信息传到大脑，大脑如何处理这些信息呢？换句话说，大脑如何从环境中识别出一种特定的模式(例如“5”这个数字)？他们的研究也进一步坚定了维纳的信心，他坚信确有一个构架，适宜于生物体、电子计算机以及未来的机器人的控制与交流的过程中。

建立了一门新的科学

当维纳与他的同事们尝试着将不同的观点融汇在一起，变成一股势

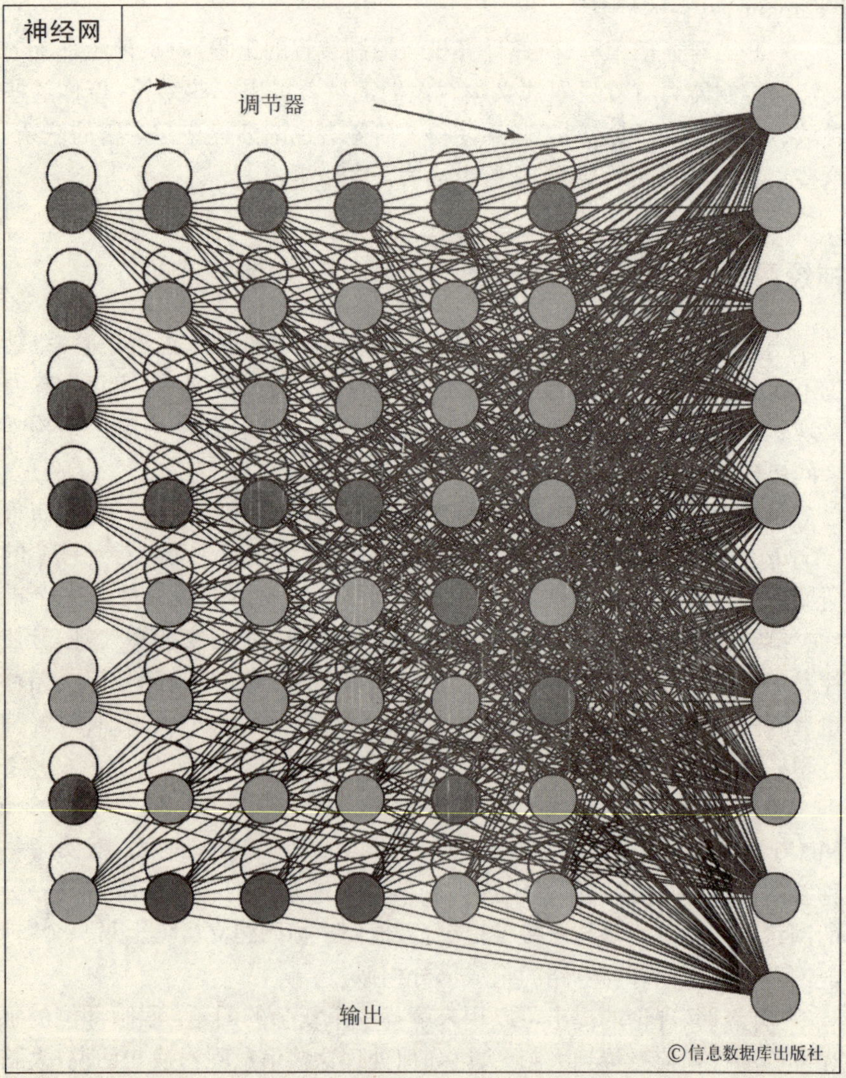

在一个神经网中，有着很多参与处理的节点，它们的存在对一些工作(例如识别信件)的进程来说是必不可少的，也往往能够对正确的信息进行再确认。

如破竹的力量时，他们也幸运地得到了一笔资助。以提高医学教育水平为宗旨的约西亚·马赛基金会决定给维纳他们提供一笔巨额的赞助金。在1942年召开的第一次会议上，他们将神经网的理论公之于众，它已远非一门生理科学所能承载，而是广泛地将心理学、生理学与社会科学熔于一炉。与会者包括沃尔特·麦考罗以及著名的人类学家格里高里·贝森(Gregory Bateson)与玛格丽特·米德(Margaret Mead)。阿托诺·罗森布鲁还在会上带来了维纳与他的最新论点。

罗森布鲁认为，我们需要重新理解这次大范围的生物学与人类的信息处理学的内涵，它并不是一个简单的因果关系，而更接近于一种"因果循环"——也就是所谓的反馈理论。这也意味着这些处理过程本身有其内在逻辑与目的(例如保持一种均衡或是探究一束光或是一股热量的源头)。

当时，贝森也开始尝试着将反馈理论运用到社会交互理论中。其后，玛格丽特·米德于1968年写出论文《控制论》，她对这一新理论的发现狂喜莫名，以至于："直到会议结束，我才发现我的牙掉了。"

维纳组织了一个新的团队，围绕着"交流"、"控制"、"反馈"等核心概念，进行更多的跨学科间的研究。他把这个团队称作"目的论社团"，所谓目的论是哲学上的一个概念，研究的主要就是设计理念或处理过程所要达到的目的。举个例子，一个目的论的步骤不会仅仅满足于研究信号是如何通过可视的表层，在神经细胞间移动的；它更将眼光集中于这一整个有机体的目标。那么，可视系统(眼睛与大脑)是如何识别出这些信号的呢？如果遇到危险(例如说掠夺者)，它是如何调整与控制这些神经细胞的信号呢？(在这里还要强调一点，维纳所设想的目的论并不意味着有意识的目的，而更多地偏向于针对系统所制定的一些目标，这些目标或是因进化论引起的，或是由技术人员设计出来的。)

1945年6月6日与7日，目的论社团在普林斯顿大学召开了第一次会议，同时也是为更深入的研究做准备。维纳对这次会议所取得的进展十分满意，这在后来的自传中也有所反映：

> *"我们很快便发现，在我们这个领域工作的人有着共同的语言，有着共同的词汇表达，他们有通信学家、自动控制学家、计算机学者、神经生理学家等等……他们对信息的储存很感兴趣。所有的人都注意到了反馈理论……是描述有机体以及机器原理*

中的现象的一个重要手段。”

控制论

在维纳心里，一直有着这样一个念头——带着他的理论冲出狭隘的小范围，驶进一个更宽广的科学领域，带到科学大众的面前。到了1947年，他觉得时机已经成熟。当时他已退休，居住在墨西哥城，撰写一本书。摆在维纳面前的是一个看上去简单得不能再简单的问题：自己与同事们所发展的一门新科学应当如何命名？

在他的第二本自传中，他生动地写道：

“我先从希腊语中寻找一个能够代表‘信息’的单词，但是找到的唯一的一个就是‘angelos’（安琪，意为天使）……接着我又从控制学中寻找合适的词语，但能找到的唯一的一个是希腊语中的‘舵手’，即‘kubernetes’。”

就这样，维纳觉得希腊语中的“舵手”一词能够代表他正在写的有关机械装置的书中的概念。

1948年，凝聚着维纳的汗水与思考的《控制论》(Cybernetics)一书在法国与美国同步出版。虽然，这不是一本简单易懂的书，但人们还是从中发现了他们感兴趣的内容，这些内容不仅极具吸引力，而且已经远远超过了数学学科。在科学家享有崇高声誉的杂志《美国科学》(Scientific American)整版封面介绍维纳的新书，《每周新闻》(Newsweek)也同样如此。维纳的这本书对科学界有着深远的影响，直到20世纪末的时候，《美国科学》仍然将《控制论》一书作为20世纪科学界最具“纪念性与影响力”的著作。维纳在他的第二本自传中如是说：“《控制论》的畅销程度之高，影响之热烈完全出乎我的意料，不，更应该是我们的意料。”

有心的读者能够在这本书里读到对未来科学世界的一个整体性质的综览，包括未来在计算机领域、通信领域、工业技术领域与机器人技术领域发生的重大革命：

- 有关信息理论将成为这些领域的核心概念，并占据绝对数量优势
- 信息将被用来描述一个系统的组织化程度（使之变成负熵，或使之无序）

- 当一台机器还受着之前的指令的影响时，“用信息反馈理论加以控制”
- 在消极反馈（自我更正）与积极控制（扩大）之间保持平衡
- 通信网及其在神经系统中的类似体的发明
- 控制论在各个领域具备广泛的适应性，如计算机科学、社会学，甚至心理学

20 世纪 50 年代与 60 年代早期，控制论已不仅仅是一个科学现象，更进而成为一种文化现象。它不仅成为科学评论者嘴上一个频繁使用的词，也成为正在进行中的各个领域、各种应用中的常见的词语。

控制论与机器龟

50 年代早期，一些实用技术中用到了控制论，引起人们的广泛关注。格雷·沃尔特（Grey Walter）发明的机器龟，被《美国科学》杂志介绍，详细地描述了一种控制系统如何被设计出来，使其能够与周围的环境（通过

格雷·沃特发明的机器龟身上用到了一些简单的电动机、继电器，以及用来寻找电源的光电池。尽管看似简单，它的反馈电路却使其做出复杂的行为，特别是在与其他机器龟进行交流的时候。

反馈行为)沟通、交流,并展示出仿生行为。机器龟更多的是一种相似体的应用,而不是单纯的数字装置。它能够首先检查出前方的障碍物,并及时调整自己的方向,避免造成碰撞。正如人们在走路时下意识地避免碰撞一样,在遇到一些更困难的目标(例如前往冷藏库)时,沃尔特的机器龟也能够迅速地发现光源,到达目的地。这其中包含着以下几条原理:

- 如果机器龟陷入黑暗的环境中,它会自动寻找光源,直至找到为止
- 只要有适度的光线,机器龟便会不断向光源爬去
- 如果光线变得过于强烈,机器龟会调整方向,避免眼花缭乱

机器龟的爬行路线取决于室内的光线以及电路安排,它所做出的反应常常是令人料想不到的。只要有一些很少的传感器与开关,机器龟便会灵敏地做出反应。当光线笼罩在两只机器龟上时,它们便会跳起一种“交配舞”来。受人控制的机器龟可被视为人类历史上第一个自动控制的机器人,因为它能够自如地与周围的环境发生联系。

波士顿手臂

与机器龟比起来,另一项发明更加实用。多年以来,维纳心中一直有一股异乎寻常的热情,那就是通过自己的发明,为那些四肢不全的人提供一些器械上的帮助。但在 1961 年,维纳因为臀部受伤去医院就医,医生对他的想法冷嘲热讽,维纳的这股热情也不免冷了下来。

20 世纪早期,针对患者腿部的康复治疗不仅不便,而且也常常令患者感觉不适。那时机械手还很少投入使用。维纳意识到,既然人体的肌肉系统不断地发出电信号,那么这些信号没有理由对机械手的启动毫无作用。

60 年代初,维纳与麻省理工学院的工程师爱玛·波兹(Amar Bose)发明了一种机械控制的手臂,它能够将患者的残体悬吊起来,以方便患者。切断处顶端安放的传感器会感应到神经细胞发出的信号,并将它们传输到控制信号,以此来推动机械手的移动。这种手臂应用了后来被称作生物反馈训练的原理,患者只要装上它,就会使残缺、笨拙的肢体立时变得灵活自如。这就是后来著名的波士顿手臂,当时受到了麻省理工学院、马萨诸塞州综合医院、哈佛医学院与利宝互助保险公司的共同赞助。

相关发明：　　　　　　控制论的运用

在控制论中，维纳设想了一个能够为一系列现象提供科学解释的模型，这也是后来被科学历史研究者托马斯·库恩（Thomas Kuhn）称作"范例"的模型。关于控制论的最不寻常的地方在于：它是能够联结许多看上去毫不相关的不同科技领域的内容，堪称"超级范例"。受它影响的领域包括：

- 计算机科学——研究计算机的结构体系、人工智能、网络工作与应用程序的控制
- 工业上的自动控制——受计算机控制的机器及其终极发展物——工业用机器人
- 机器人技术——设计一种具感应细胞的机器人，使之与周围环境发生联系
- 电子学——有关信号处理、扩大与电路设计
- 信息理论——有关信息与指令之间的联系
- 社会学——研究某种文化背景下的信息交流
- 神经学与认知科学——研究大脑与神经系统的结构与功能
- 心理学——研究精神上的疾病，类似于信息处理、交换与反馈过程的中断与变异

最近几十年中，"控制论"这个词的多重含义渐渐减少，但这种理念的核心仍然是根深蒂固，如同义肢的发明设计一样，对许多学科的进展都起到了不可忽视的作用。

当这种手臂的模型被制作出来之后，就被运用到第一个患者身上。在弗洛·孔维（Flo Conway）与吉姆·斯吉尔门（Jim Siegelman）撰写的关于诺伯特·维纳的传记中，曾经引用了波兹的一段话：

> *"到现在我还能清楚地记得当时所发生的一切。我们将义肢装在第一个患者的身上，患者当时坐在凳子上，看到义肢来了，惊呼道：'天哪，居然要把这样一个东西装在我的身上。'但是 10 分钟过去了，义肢与他的身体完全合适，他看上去好极了。"*

在社会上的影响

尽管控制论的技术前景十分乐观，但在第二次世界大战期间，维纳却经常陷入失落与彷徨的境地——当他看到这项新科学对社会产生的消极影响之后。

维纳最关心的问题是控制论作为一种自动控制上的革命性成果，如何对社会产生积极的影响。1946 年，在纽约科学学会召开的一次会议上，维纳就预言计算机将成为“未来自动控制领域的核心系统”，另外，他也不无激情地指出：“在人与人之间组成一个更大更宏阔的交流系统”将成为人类的终极理想。

但是，这对全世界的经济乃至社会生活来说，又意味着什么呢？维纳曾经这样写道：

“(控制论)给了人类一个全新的也是最有效率的机械手，大大地节约了劳动力成本。这个机械手不但能尽可能地提高经济效益，不像普通劳动力那样，包含着直接的消极作用，而是趋利避害。因此不论如何，每一个劳动者们都接受了这样一个事实，那就是他们在与机械劳动者竞争的时候，意识到了机械劳动者所占有的优势，占据制胜地位的总是机械劳动者们。”

半个世纪以后，在经济全球化的背景下，当经济的增长越来越依赖于廉价劳动力的时候，维纳的话也成为一个越来越让人感觉不安的预言。

在维纳的有生之年，这项新技术受到了越来越多的重视，其应用也看不出任何衰退或停滞的迹象，而是如同雪球一般越滚越大。但是维纳还是保持着清醒的认识，如同他在《控制论》这本书的序言中所说的：

“我们只能为我们所生活的世界提供控制论这一新的科学，但这个世界是贝尔森和广岛的。技术一旦从我们手上发明出来，我们就再也难以选择它的命运。它们属于这个时代……我们所能做的仅仅是让人们理解这项技术的发展趋势，了解我们目前所做的工作，并且运用自己的力量去严守这些技术所属的疆域……要知道，它们本应是距离战争与剥削最遥远的。”

1960年，维纳从麻省理工学院退休。1964年，他从林顿·约翰逊（Lyndon Johnson）手上，接过了代表着崇高声誉的国家技术奖章。同年3月18日，维纳在参观瑞典的斯德哥尔摩时，不慎摔倒，不久便永远地告别了人世。

在维纳发明创造生涯接近尾声的时候，第一批工业用的机器人开始投入自动控制的流水线上工作。不久之后，比它们身手更敏捷的兄弟们也被生产出来，在麻省理工学院与其他研究机构的走廊里急速地奔跑。为像理解人脑与人体神经系统工作一样理解这些机器，诺伯特·维纳构想出了一个新的概念上的框架。除此之外，他还严肃地警告后代：这一新的机器将给人们提出越来越多的挑战，不是使人与人之间的关系越来越简单，而是意味着，人们必须为彼此的关系付出更多。

生平年表

1894年	11月26日，诺伯特·维纳出生于密苏里州的哥伦比亚
1901年	维纳开始读初中，由于成绩太好，与一群比自己大得多的学生一起学习。其父仍对学校的教育不满意，开始在家亲自指导小维纳
1905年	11岁时，维纳高中毕业
1906年	进入塔夫兹学院学习，在那里，他成为美国历史上最年轻的大学生
1909年	从塔夫兹学院毕业，获得数学学士学位；并于同一年进入哈佛学习生物学，但成绩不佳
1910年	转入康奈尔大学，学习数学与哲学；很快他便返回哈佛继续数学学习
1912年	获得哈佛大学的数学硕士学位，并于一年之后获得博士学位
1913年	开始他的欧洲学习生涯，在这期间拜访了数位世界著名的数学家
1917年	美国卷入第一次世界大战，维纳在阿伯丁参谋部研究弹道学

1919 年	获得了麻省理工学院的教席，在那儿继续他的研究生涯
1921 年	发表了自己的第一篇重要的关于布朗学说的数学论文
1926 年	成为一名教授助理，期间与玛格丽特·恩基曼结婚，妻子是一名现代语言学科的教授助理
1935 年	在北京的清华大学教了两年课，与中国的研究者们建立了联系
1939 年	第二次世界大战在欧洲大陆爆发。维纳参与了从纳粹分子手中解救犹太籍科学家的营救工作
1945 年	1 月 6 日、7 日，维纳组织的目的论社团召开了第一次会议
1948 年	维纳一生最有影响力的《控制论》一书终于面世
1950 年	渐渐将注意力转移到控制理论与人工智能技术潜在的不良影响，并出版了《人类的人性化运用》一书
1960 年	从麻省理工学院退休，并以极大的热情探讨控制论对社会发展的各种影响
1964 年	在维纳研究的基础上，麻省理工学院的研究者们开发出了一种人工手臂 维纳获得了一枚国家技术奖章；这年的 3 月 18 日，维纳去世于瑞典的斯德哥尔摩

扩展阅读

图书：

弗洛·孔维、吉姆·斯吉尔门，《信息时代黑暗中的英雄——控制论之父诺伯特·维纳》，纽约：基础书局，2005 年。这是一本全新的传记，对维纳丰富的一生及其卓越的科学贡献做了充分的记录。

诺伯特·维纳，《控制论——动物与机器的控制与交流》第二卷，剑桥：麻省理工学院出版社，1961 年。书中对控制论这门新的科学作了界定，并有科普图书的性质。

——《天才儿童——我的青少年时代》，剑桥：麻省理工学院出版社，1953 年。书中，维纳自述了他的超群智力的发展历程，与被其父作为一项攻关“课题”进行培养时精神上承受的巨大压力。

——《人类的人性化应用》第二卷，纽约：雅芳书局，1970 年。在书中，维纳对自动控制论对经济与社会的影响表示担心，并严肃地提出警告。

——《我是一名数学家——天才儿童的人生道路》，花园城市，纽约：双日出版社，1956 年。书中维纳继续讲述了自己的人生道路，描述了他后来的职业生涯与控制论的发现过程。

文章：

马歇尔·加斯培里，《格雷·沃尔特的机器》，可在线阅读。地址：http://www.plazaearth.com/usr/gasperi/Walter.htm. 自 2005 年 6 月 16 日开始可以访问。文章介绍了格雷·沃尔特发明的机器龟及其能够完成的各种动作。此站点还包括了关于垒高·麦德斯通机器人工具的一些信息。

网站：

控制论的历史，地址：http://www.asc-cybernetics.org/foundations/historyrefs.htm. 自 2005 年 9 月 20 日开始可以访问。其中有关于控制论这门学科的历史与起源的综述。

网络控制论原理，地址：http://pespmc1.vub.ac.be. 自 2005 年 9 月 25 日开始可以访问。是一项国际计划项目的站点，其主要目的在于发展一套全面的有关控制论的哲学。

2

革命性产业

——约瑟夫·英格伯格与通用机械手

1961年，一名年轻的工人到通用汽车公司上班，加入到位于新泽西特斯泰地区的该公司流水线的运作中。这名工人的工作就是投掷与传递熔铸的金属(例如汽车门之类)，再将它们放入一大缸水中加以冷却，接着再传递给另一批工人，进行最后的整理与打磨。这名工人不属于公司的任何团体，不用付任何薪金，在劳作的间歇，也从不需要任何休息。这名工人就是所谓的通用机械手，它的出现，给工业带来了革命性的震动，其震动之大、影响之深，堪与一个世纪以前工业革命带来的社会影响相媲美。通用机械手与后来产生的机器人都出自约瑟夫·英格伯格(Joseph Engelberger)与他的好搭档乔治·德沃尔(George Devol)之手笔。在发明通用机械手的过程中，英格伯格也完成了从工程师到企业家的转变。

经验的传递

1925年7月26日，约瑟夫·英格伯格(Joseph Engelberger)出生于纽约城。在他后来接受的一次电话采访中，英格伯格回忆说，第二次世界大战期间他正在海军服军役，这对他的职业生涯来说也是一个转折。当时V12计划正准备选一批人去哥伦比亚大学学习物理(主要是核物理)，英格伯格成为14名候选者之一。战争结束以后，英格伯格先是在太平洋比基尼环礁岛上当一名工程技术人员，进行各种核试验。此外，他还参与到航空宇宙与核动力计划中去。在服完兵役之后，英格伯格加入到哥伦比亚大学的工程师学院，在那儿拿到了物理学与电子学的学士与硕士学位。

英格伯格曾说，他相信他的物理学背景对他后来对机器人的发明帮助甚大，因为机器人技术与物理学世界也有着千丝万缕的联系(一些现代研究者们认为"一切问题归根到底都是软件问题"，英格伯格表示坚决不同意这一观点)。

工业机器人的发明

第二次世界大战期间，自动控制装置取得了飞速发展，像巨型轰炸机B29上的自动炮就更新换代得很快。自动控制既要求提高定位的准确度，也要求机器的各个部分能够听取指令，自如地运行。核动力取得巨大进步的同时，对放射性物质的安全处理也日渐提上了日程，这一切都刺激了自动控制行业的发展。英格伯格是一个天生具有冒险精神的人，他很快便筹建了一个名叫"加强控制"的公司。

约瑟夫·英格伯格与乔治·德沃尔在工业机器人的发明领域起到了先锋作用，工业机器人开始承担流水线上的一些枯燥的、危险的工作。上图是一张英格伯格与实验室的"伙伴"的合影，这位"伙伴"能够运用一种移动模型。(约瑟夫·英格伯格提供照片)

50年代中期，英格伯格遇到了发明家乔治·德沃尔(George Devol)，德沃尔刚刚获得了一台可编程机器的专利。这台机器能够在两个固定的点之间移动，就像组成汽车零件的压模机器那样。

英格伯格意识到，对德沃尔发明的机器人来说，只要适当地延伸其应用范围，提高其应用能力，就能够成为一个真正的机器人。在哥伦比亚大学，英格伯格结识了一位科幻小说作者艾萨克·阿西莫夫(Isaac Asimov)，阿西莫夫所写的机器人小说曾经引起一代代的机器人研究者们极大的兴趣，激励他们不断出新。从1954年开始，德沃尔将主要精力放在新机器“尤尼梅特”（Unimate，意为通用机器）的发明上。英格伯格对这项发明也表示了商业上的兴趣，还设法获得了发明机器人的财政支持。1956年，英格伯格与德沃尔成立了“尤尼梅特公司”（Unimation，意即通用公司），这也是世界上第一家专门的工业机器人生产公司。

他们生产的“尤尼梅特”机器人——简单地说就是一条巨大的手臂。它的肩膀能够根据既定的轨迹移动，将手臂放在待操作的物件旁边。手臂上还装有一系列特制的“手掌”，以完成不同的工作。这样的机器人能够反复做同一工作，在它上面还设有能够排列“工作件”（待加工的物件）的各种装置，在不同情况下能做出小范围的调整。

其他科学家：乔治·德沃尔

工业机器人的发明在很大程度上要归功于乔治·德沃尔（George Devol），他是一位极具天才的工程师与发明家。1920年2月20日，德沃尔出生于肯塔基州的路易维尔，从小便对机器与电子控制装置表现出浓厚的兴趣。他的早期发明包括留声机上的触手、扩音器与自动“人数计数器”，这些都在1939年纽约举办的世界博览会上亮相。

1946年.德沃尔获得了一项重大专利，这项专利的意义非比寻常，因为它对工业机器人的发明起到了至关重要的作用。这是一个带有磁力的记录器，能够记录机器行动的每一个小小的细节。这一项发明也意味着只要在机器人面前演示如何工作，教会它用手臂与钳子处理指令，它便会反复地完成这项工作，如同在生产线上一样。正如德沃尔针对这项专利所说的：“这项发明的意义在于：在循环控制的期望之下，机器能够根据不同的应用要求作出回应，这在历史上也是绝无仅有的。”

1954年，德沃尔在前一项发明的基础上，获得了发明机器人“尤尼梅特”的专利，后者简称“通用自动控制”。1956年，德沃尔与约瑟夫·英格伯格一起，成立了尤尼梅特公司，也是世界上第一家机器人公司。在后来的时光中，德沃尔在可视机器领域与条形码处理方面也做了很多重要的工作。

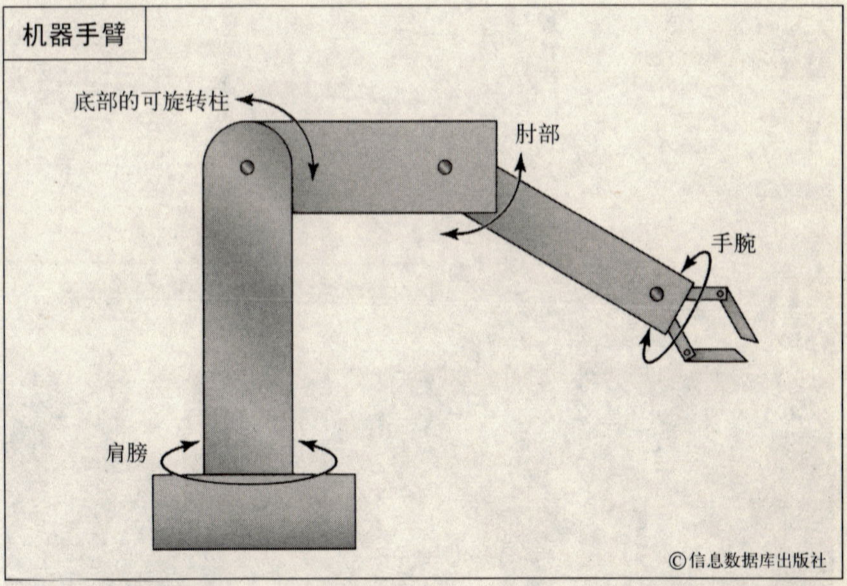

一条最基本的机器手臂，其结构类似人臂的底部（虽然是残缺的）、肩部、肘部与手腕，并通过关节将各部位联结起来。

生产线上的机器人

1961年春，世界上第一个机器人尤尼梅特开始投入使用，它首先在位于新泽西州特伦顿首府的郊区特斯泰的通用汽车公司的生产线上工作。公司里的3000多名工人中，绝大部分人都欢迎这位新成员的到来。尤尼梅特能够做各种各样的工作，包括投掷车门与其他汽车上的零配件——不要小瞧这一工作，灼热的熔铸物对于普通工人来说是十分危险的。通用汽车公司的首席科学家斯蒂文·荷兰(Stive Holland)在2003年的《美国新闻与世界新闻报道》中声称："我们的机器人最初是用来做3种工作：脏的、困难的与危险的工作。"第一个机器人工作了接近10年，每天都不知疲倦地代替一部分工人，做这3种工作。事实胜于雄辩，通用公司的这一成功的事例也使工厂主们逐渐认识到生产线上机器人起到了巨大的、不可替代的作用。

第一个工业机器人的出现引起了公众的注意，但英格伯格发现，要想说服美国的投资者与工业家们相信使用这一机器人是一项很好的投资，

尤尼梅特在被用来精确地放置光纤。

却存在着极大的困难。到 60 年代中期，通用公司开始设计 PUMA，这一机器人与尤尼梅特相比，外表与人类更为接近。在《今夜秀》节目中，PUMA 作为光彩照人的主角琼尼·卡森(Johnny Carson)首次在电视上亮相，出现在公众面前。英格伯格在接受《特登》节目的采访时回忆道："PUMA 的首次亮相非常漂亮，很快获得了人们的喜爱。从头至尾镜头都对准了它。但在节目结束之后，我只收到了很少的几个电话，都是观众请求我们的机器人去县里表演节目。"

到此时为止，英格伯格已不满足于仅仅让机器人玩一些简单的把戏。如同他 2000 年在《红鲱》杂志中所说的那样：

"机器人的购买者需要的是经济效益。因此我们研究了克莱斯特汽车公司的 6 个车间、福特公司的 5 个车间与康涅狄格的布里奇斯公司的 20 个车间，在这些研究基础上我们也有了一个大致的设想。因此我们说：'如果我们能够开发出一种装置满足这个设想，那么它会在工业领域中的各行各业都大显身手。'而现在最困难的就是让公司的负责人看好我们的机器人，愿意掏钱购买

它们。1961年,我们终于等来了第一次机会,也就是在位于新泽西特斯泰的通用汽车公司的车间里装上了机器人。它在那里出色地工作了许多年,现在已作为世界上第一个工业机器人进入到史密斯学会。在那里它给公众提供一个活生生的成功例子。”

当今的工业机器人

在我们现在所处的时代,机器人变得越来越有效率,所消耗的成本也远远低于普通劳动力,因此所从事的行业也越来越广泛。最通常的运用包括举重物(从一个生产线移到另一个生产线)、定位焊接与上漆。2003年一年里,美国的工厂购买了大约价值8.77亿美元的工业机器人,比2002年同期增长了19%。其中在汽车生产行业的应用最为普遍,占了2003年工业机器人消费总额的2/3。

尽管尤尼梅特的胜利与真正的人工智能相比,还有很大的差距,但不可否认,它们比前辈机器人更加灵活,更具适用性与可操作性。举个例子,一个名叫西弗莱克斯(C-Flex)的机器人能够识别不同的汽车模型,并能操作不同种类的焊接技术,使得生产线之间能够自由地传递。

轻工业中使用的机器人能够运用它们的视觉系统,识别生产线上奥利奥夹心饼干的首尾部分,并将它们组装在一起,其速度可达到每分钟装好2000块饼干(普通人是不可能有这么快的速度的)。

随着普通劳动力成本(包括一些额外的费用如健康保险)的增加,现实似乎越来越明朗了。工业用机器人在未来的几十年内,将会用得越来越普遍。麦当劳已经设计出一种能够自动翻转并传递夹饼的机器。一些图书馆则对它们的书架进行改装,以便机器人能够根据需要取出书本。

社会效应: 机器人与普通劳动人

在美国,工业机器人使用的增长也给人们带来了一些困惑,那就是它们会给普通工人的就业与薪金带来什么样的影响。约瑟夫·英格伯格一直声称:机器人的出现大大提升了劳动力的工作环境。在接受《特登》节目的采访时,英格伯格回忆道:“就美国工人而言,他们对机器人的出现也并无异议。机器人代替他们从事着灼热的、危险的、极为枯燥无聊的工作。”英格伯格认为那种认为机器人代替工人工作会使失业率增加的看法已经过时了。

自从工业革命开始以来，工人们就对自动化心存畏惧。（18世纪晚期，英国人耐德·勒德的追随者“勒德分子”狂热地冲进工厂，毁坏机器。）这种恐惧也并非毫无缘由：如果一个人只有少得可怜的一点技能，而且反复从事同一项工作，那么他的职业与机器人就没什么大的区别了。更何况机器人能够高强度、高频率地从事这些工作，如果需要的话，能够三班轮倒。而且机器人的特征是持久性，它们不会生病，也不需要高昂的医疗费用。在有些工作上，机器人能够完全替代工人进行劳作。但在更多的地方，机器人的存在也降低了工人的薪水，而且他们还不得不陷入竞争之中。

总而言之，机器人与机械装置已经在很大程度上代替了许多普通的工人的劳动。银行系统中，很多人都使用自动存取款机，与银行职员打交道的概率大大减少。许多超市与图书馆也装了个人校验机器。据《机器人国家》一书的作者马歇尔·布瑞(Marshall Brain)说：正是这些分工明确的机器对普通工人的生活产生了重大改变。这些结构复杂的、甚至会直立行走的类人机器会夺走他们剩下的工作，如招待员、博物馆导游、商店的礼仪人员，甚至是保安。布瑞预言说：到了2055年，机器人会全面占领人们所有的工作区域。机器人的发展将会遵循摩尔法则——每两年它们的能量就会翻一番。

那么，究竟机器人对廉价的外来劳动力会构成怎样的威胁呢？综合各方面的意见，看上去它们会对社会产生3个大的影响。第一种观点认为，机器人的出现多多少少会阻止大量的廉价劳动力流入市场。但事实上这是不可能的，因为从廉价劳动力中获得的收益有着政治上的内在影响。第二种则认为，足够多的新职业的提供会大大提高社会对技术的需求，而这些会远远超过机器人所能达到的范围。新的技术会带来新的机会——看看互联网的出现给人们带来的工作机会就可知，而像易趣这样的网站给人们带来的影响是20世纪早期所不可想象的。但是人们还远远没有意识到，像这样的工作以后还会源源不断地涌现，越来越多的人也能够经过再培训，然后上岗。（从事这类看上去自动化程度较高的工作的人中，大部分都缺少足够的教育背景，从而也缺少应对更复杂的工作的能力。）第三种观点则是：随着时代的发展，社会与经济都需要重组，大多数人都不需要为了谋生而工作。

服务型机器人

1980年，英格伯格出版了《实际应用中的机器人技术》一书。这本书与1989年出版的《服务型机器人》一起，成为学院中的经典读本，因其通过描述作者本人的实际经验，特别是将机器人转化到实际工作中去的事实，回顾机器人工业的发展历程。这两本书的标题也表明英格伯格的思想转变，表明他的关注重点从工业机器人转向服务型机器人——后者的工作场所不再是工厂，而是家庭或者医院。

1982年，通用机械手"尤尼梅特"被威斯丁豪斯投入使用。到此时为止，英格伯格业已建成传输研究公司，1984年更名为机器人技术助理有限公司。公司最成功的产品就是适合在医院使用的助理机器人。这种机器人能够在一个紧张忙碌的医院中，有条不紊地帮助医护人员分派医疗记录、试验样本与其他补给。康涅狄格的丹伯里医院给了这种机器人一次实验，对机器人在各个方面都进行了测试。

自动传递机器并不是一个新鲜事物，但助理机器人与其后辈却使这项工作更加简易，更加便于操作。助理机器人并不是机械地重复同一个动作。相反地，它被设计成能够使用摄像机去观测并接近目标，运用自己的方式在不同的区域或站点活动，它甚至可以操纵电梯，去它想去的楼层。

与其他的机器人公司的经营者一样，一次英格伯格在接受采访的时候表示，他相信机器人能够进入家庭，将所有的家务事都揽到自己身上。而他正在等待这一时机的成熟。另外，英格伯格还独具慧眼地指出，随着社会上老龄人口的增加，家庭型机器人将给这一人群提供他们所需的日常护理。他说，没有一家政府或是保险公司会为每一个有老年人的家庭请全职保姆，照理他们的日常生活。而一个合适的机器人就可以替他们取东西，定时提醒他们吃药，甚至监测他们的健康状况，在紧急的时候向外界寻求帮助。

权威的机器人工程师

约瑟夫·英格伯格在工业型与服务型机器人的发明上所取得的成就使他获得了极高的赞誉与奖赏，其中包括美国机械工程师协会颁发给他

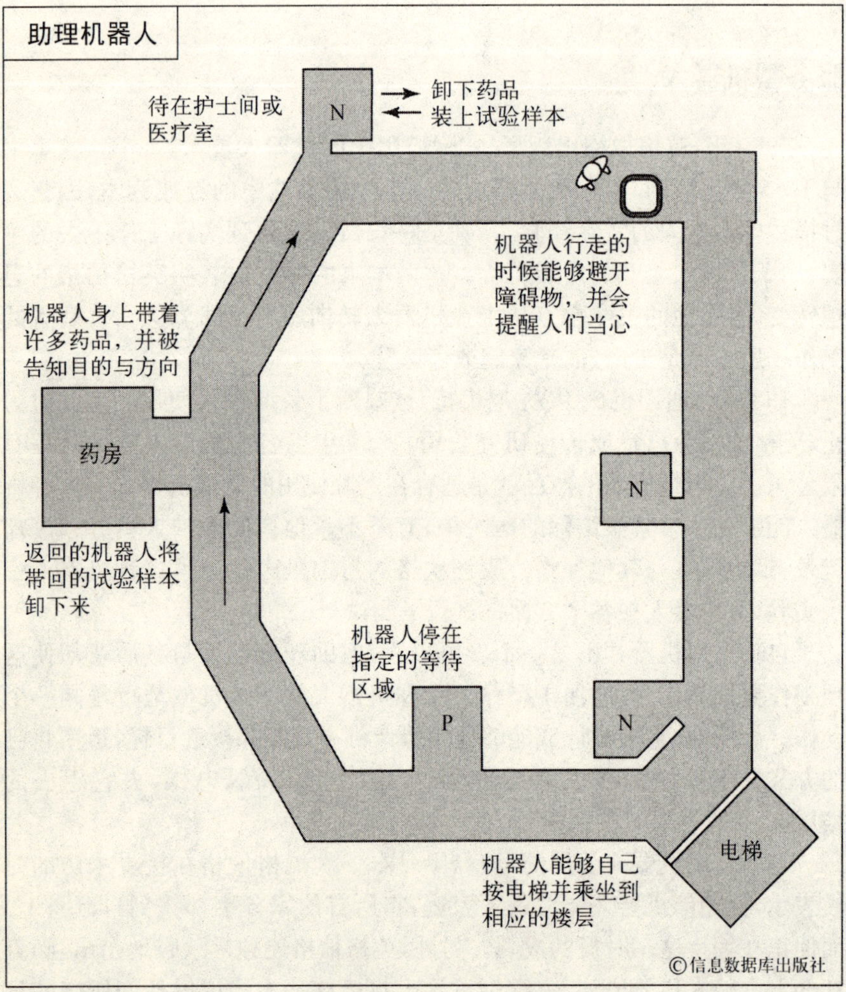

以上示意图表明一个助理机器人是如何传递医护用品的。在较为拥挤的情况下，机器人还能够彬彬有礼地请求人们让路，让它能够自由移动。

的列奥纳多·达·芬奇奖、制造业工程师协会颁发的进步奖、日本奖以及哥伦比亚大学颁发的艾基斯顿奖。1984 年，英格伯格还被选为国家工程师学会成员。此外，他还获得 5 所学院颁发的荣誉博士学位，其中包括全美国机器人研究中心之一——位于匹兹堡的卡内基·梅隆大学。

1992 年，伦敦的《星期日》杂志评选“20 世纪的 1000 位发明家”，英格伯格榜上有名。2000 年，英格伯格在世界自动控制大会上致辞——这届大会也是为他而办的。2004 年，他还获得了电气和电子工程师协会的机器人技术与自动控制学奖章。

自1977年以来，机器人工业协会每年都向机器人技术领域最著名的发明家们颁发约瑟夫·英格伯格奖章。

一个错误的方向？

对未来的机器人制造工业与机器人技术研究，英格伯格仍有着许许多多的设想。有一段时间，许多研究者们都热衷于发明一种看起来与人类极为相似的机器人，但英格伯格却将研究焦点集中在机器人的功能上，而不仅仅是外形，如同他于2000年在《红鲱》杂志中所说的那样：

> “我想发明一种机器人，它的外形是根据我的导师艾萨克·阿西莫夫所提出的原则构想出来的，其原型就是人类，不过它不必看上去与真人完全相似。虽然外表各异，但它却能够适应我们所处的环境，充分掌握相关数据与工具，发挥它自己的功能。这对我们来说是个挑战。但从另一个方面讲，这也是机器人技术的突破之处。”

在《红鲱》杂志刊登的这篇文章中，英格伯格还提出，现在很多学院派的机器人研究者们都在试图赋予机器人人类的外形，而这是一个错误的方向：

> “听起来，让一个机器人识别出人类的手势是件不错的事情。但语言才是最有力量的。要让机器人能够听懂你说的话，知道你想要什么。如果它能够读懂简单的语言，那么它才能够与特殊的人群（例如盲人）进行合作。在发展机器人的这种潜能方面，现在的研究团队可以说是非常薄弱的。当我看到麻省理工学院的同事们努力工作，试图给机器人一张具有丰富表情的面部时，我说：‘天哪，他们到底在干什么？谁会在乎机器人的表情呢？我想知道这到底是在干什么。’为什么这样的事情会发生？或许是有些人因为使机器人露出微笑或是皱眉的表情而拿到了博士学位的缘故吧。但是最最重要的显然不是这些，而是让它们学会烧饭与打扫卫生。”

未来趋势：　　今日的机器人产业

根据联合国经济委员会对2004年世界机器人技术发展的观察，机器人产业已进入飞速发展时期。2004年，工业用机器人的订购量提高了18%，达到了历史最高水平。当今至少有80万个工业机器人在投入使用(见圆形分格统计图表)。20世纪80年代，日本曾是世界机器人制造业的龙头老大，但其他国家正在迎头赶上，逐步缩小了差距。

同时，机器人也进入到千家万户，到2004年为止，已有60万个家庭型机器人投入使用，而在未来的几年内，数百万的机器人也即将投入市场。

同样地，在《机器人在线》上发表的一篇文章中，英格伯格同样表示对会走路的机器人都不太欣赏，更不要那样跳跳蹦蹦的了。他相信轮子对大多数自动控制装置来说都是必要的，出于经济的考虑，机器人更是如此。英格伯格还声称，工业设计师在设计机器人时，应当树立脚踏实地的

2004年机器人工业示意图

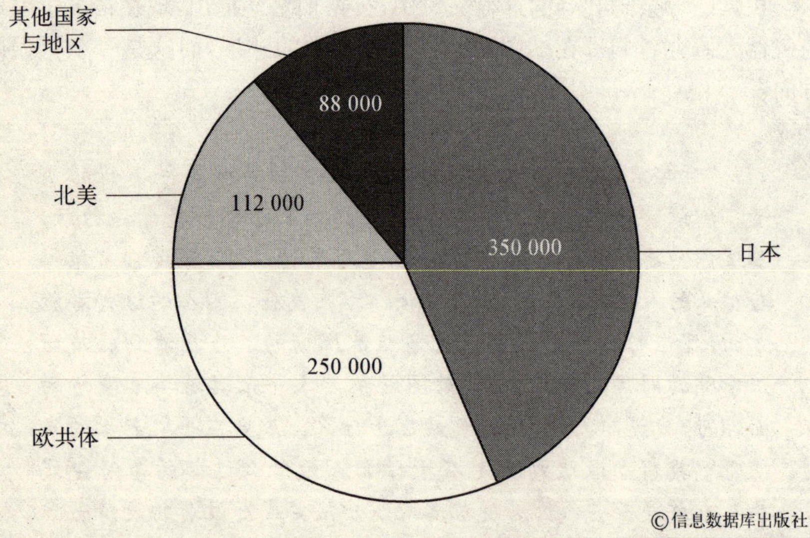

以上示意图向我们展示了2004年全世界使用工业机器人的数量，极为可观。

目标，将重点放在实用性强的服务型自动控制装置上，从而设计出“个性化的机器人”。

生平年表

1925年	7月26日，约瑟夫·英格伯格出生于纽约城
1946年	从哥伦比亚大学的工程师学院毕业
1954年	乔治·德沃尔发明了一种可编程的工业用机器人
1956年	德沃尔与英格伯格一起，成立了通用公司
1957年	英格伯格在康涅狄格的丹伯里成立了“加强控制”公司
1961年	工业用机器人（尤尼梅特）诞生了，并第一次安装在了通用汽车公司的生产线上
1966年	在《今夜秀》节目中，一个机器人扮作光彩照人的主角琼尼·卡森登场，时而扮酒吧侍者，时而玩高尔夫球，时而展现音乐技能
1977年	机器人工业协会设立了约瑟夫·英格伯格奖，用来奖励那些在机器人技术领域作出杰出贡献的人物
1980年	英格伯格出版了《实际应用中的机器人技术》一书
1982年	通用机械手“尤尼梅特”在威斯丁豪斯投入使用。很快地，英格伯格离开了通用公司，组建了传输研究公司
1984年	英格伯格成立了助理机器人公司
1989年	出版了《服务型机器人技术》一书
1999年	助理机器人被卡迪那医疗中心采纳
2000年	英格伯格在世界自动控制大会上致辞
2003年	一年内，美国的工厂购买了大约价值8.77亿美元的工业用机器人

扩展阅读

图书：

约瑟夫·英格伯格，《实际应用中的机器人技术——工业机器人的设计与应用》，纽约：AMACOM，1980 年。在这本关于工业机器人的书中，英格伯格请艾萨克·阿西莫夫写了序言，同时也是向他的这位导师致敬。

——《服务型机器人技术》，剑桥：麻省理工学院，1989 年。英格伯格的研究经历了一个由工业用机器人向服务型机器人转变的过程，这在书中也有所反映。书中描绘了机器人在非工业用的工作环境下的状态，包括感知周围的障碍物的能力、所具备的导航系统，以及有可能投入使用的 15 个区域。

西蒙·诺夫，《工业机器人手册》第二卷，纽约：维雷出版社，1999 年。这既是本手册，也是关于工业机器人的拓展阅读向导，其中包括来自 12 个国家的 120 位专家的相关研究。

文章：

马歇·布雷，《机器人国家》，可在线阅读。网址：http://marshallbrain.com/roboticnation.htm. 2005 年 9 月 26 日起可访问。书中描绘机器人和其他自动控制装置很快抢走了一些服务性行业员工的饭碗。

约瑟夫·英格伯格，《机器人研究是如何进行的》，可在线阅读。地址：http://www.roboticsonline.com/public/articles/articlesdetails.cfm? id=769. 2005 年 7 月 28 日起可在线访问。在书中，英格伯格关注的重点是机器人技术的实用型，对此进行了深入的探讨。

保罗·米克尔，《1961——自动控制技术的序幕》，特登，世纪首府，1900—1999 年。可在线阅读。地址：http://www.capitalcentury.com/1961.html. 2005 年 8 月 30 日起可在线访问。介绍了通用机械手“尤尼梅特”的诞生以及随着它的诞生，1961 年新泽西州特登市的人们对它的反应，并介绍了此后这项技术的进展情况。

詹姆斯·M·佩托考基，玛格丽特·玛尼克斯，蒂姆·斯玛特，《与新同事碰面》，美国新闻与世界报道 136(2004 年 3 月 15 日)：EE2ff。书中通过运用伊利诺斯州的制作图表，描述了机器人在当今社会的广泛应用，同时也探讨了工业机器人的发展所带来的可观的经济利润。

《机器人先生》，《红鲱》杂志，2000 年 8 月 1 日。可在线浏览。地址：http://www.redherring.com/Article.aspx? a=7597&hed=Mister+Roboto#. 2005 年 8 月 15 日起可在线访问。在这篇文章中，英格伯格既评价了当今时代机器人研究的状况，也对其中存在的一些问题提出批评。

网站：

"机器人在线"，地址：http://www.roboticsonline.com.2005 年 10 月 18 日起可在线浏览。此站点由机器人工业协会赞助；提供了机器人业界的一些新信息或背景资料。并对那些为机器人领域作出杰出贡献的研究者们颁发约瑟夫·F·英格伯格奖。

3
学会走路

——马克·莱伯特与有腿的机器人

许多科幻电影中的机器人能够像人类一样行走，甚至是大踏步地自信地行走。但在真实的世界里，大部分的机器人（例如那些在医院里传递药方的机器人）却是靠着滚轮才能行动。人类从孩提时代就开始学走路，但要想使一个机器人掌握这项技巧，却不是一件容易的事情。但是要令它们走起来或是跑起来，却有着更深更远的意义。

1986 年，机器人工程师马克·莱伯特（Marc Raibert）在电子计算机协会（ACM）的期刊《ACM 通信》中，发表了以下观点：

> *"对它们来说，穿越那些不可能穿越的地带，完成那些不可能完成的任务，却是很有必要的。只有在轨道与平直的路面上，滑轮才会起作用；而在那些软塌或是不平整的路面上，单靠滑轮行走就会举步维艰。正因为存在着这些缺陷，地球上只有一半的陆地适合滚轮运动，而更广阔的土地则要凭着动物的双腿才能征服。因此，设计出有腿的机器人，让它们能够顺利到达那些只有动物才能到达的地方，就变得十分有必要了。"*

接着，莱伯特还进一步解释了腿胜过轮子的关键理由：

> *"为什么说在粗糙的地面上，腿比轮子更具灵活性呢？其中一个原因就是：它们通过腿的直立，使支持力与牵引力达到最优，而与此相比，一个轮子则需要一种持续的支持力。因此，一*

个用腿支撑的系统能够在那些可行走的地面中选择自己的立足点；而一个轮子则必须与最糟糕的地面抗争，因为它必须越过这些障碍，不能自由地选择是走过还是略过。我们拿梯子举例，在攀爬的过程中，梯子上的横档为有腿系统提供了向上的支撑点，而面对横档之间的间隙，有轮子的系统则望尘莫及。”

此外，莱伯特还指出正因为腿的存在，机器人主体（不管它在运送什么）才能独立地启用推进系统。正因为这个道理，一个比萨店送比萨的员工才能够一边爬楼梯，一边保持比萨饼的平稳。以此顺推，一个靠轮子行动的机器人很容易被一些障碍阻止，而一个靠腿行动的机器人则能够轻松地逾越这些障碍，而让前者自叹弗如。

工程师的发明

马克·莱伯特 1949 年出生于纽约。1973 年从东北大学毕业，取得电子工程的学士学位。1977 年取得麻省理工学院（MIT）的博士学位。接下来，从 1977—1980 年，莱伯特在位于加利福尼亚帕萨德纳的喷气式推进力实验室（JPL）担任工程师。喷气式推进力实验室曾经是（现在也是）美国最著名的空间机器人研发中心，他们研制的机器人能够进行行星探测与空间漫游。实验室的工作极大地吸引了莱伯特，他开始设想一些能够帮助机器人轻松跨越障碍的更好的方法。

马克·莱伯特研究了动物的活动特征，制造出能够行走、跳跃甚至跑动的有腿的机器人。（马克·莱伯特提供图片）

1981 年，莱伯特前往卡内基·梅隆大学，从那年至 1986 年止，一直在那儿担任计算机科学与机器人技术科学方面的助理教授。为了更好地研究用腿走路的机器人的移动原理，他组建了“腿实验室”。不久，他回到麻省理工学院，把新建的实验室也搬了过去。1986—1995 年，他一直留在麻省理工学院担任电子工程与计算机科学的教授。

动力行走者

20世纪80年代的机器人技术领域，有腿的移动型机器人还是一个尚未开发的前沿课题之一，其研制进展仍处于萎靡不前的状态。其实早在19世纪，研究者们就开始试着研制会走路的机器人。但他们发明的机器人只能呆板地机械地移动，面对障碍物与不平整的地面无动于衷，甚至一头扑上。

70年代，计算机控制开始运用到更复杂的行走型机器人的设计中。举例说明，1977年，俄亥俄大学的罗伯特·马基(Robert McGhee)成功研制出一种状似昆虫的(拥有6条腿)的可行走机器人，它那几条腿用来爬楼梯是不成问题的。1980年，日本研究者设计了一种4条腿的机器，能够运用更复杂的计算机运算法则，来翻越重重障碍。

这些用计算机控制的新生代的行走家们有着一个共同的特点——都是"静态机器人"。它们的脚都能够和地面发生接触，以此让身体保持平衡。当一条腿向前移动的时候，身体的重心还是保持稳定的。当这个特点使机器人总能保持平稳的时候，它也同时意味着机器人不能敏捷地像人类一样行走。在2001年《科学新闻》上发表的一篇文章中，莱伯特回顾了早期的会走路的机器人，揶揄它们"像会走路的桌子"。

1990年，莱伯特发表于《美国新闻与世界报道》上的一篇文章中声称："生物学总能找到自己的解决方法——如果被我们惹恼了的话。"让我们看看人类是如何走路的。每个人只有两条腿，这样一来他们在前移的时候就不能保持平衡。但事实上，人们能够一步步地向前移动，并处于加速度中。我们不会轻易跌倒，因为我们身体的一部分同时会发生抵触，使总体上保持平衡。

莱伯特指出，在这种时刻处于移动的状态中，人体的一些长处对行走是非常有帮助的。其中一个就是，正因为我们不需要将注意力保持在身体重心的平衡上，我们才可以迅速地移动脚步——例如在远足的时候随时躲避突如其来的石头。

走路类似于钟摆的移动。20世纪50年代，著名的计算机科学家克劳德·香农(Claude Shannon)、罗伯特·卡农(Robert Cannon)和在斯坦福大学的学生一起，研制出了一种奇怪的钟摆，它是根据车子的移动计时

莱伯特绘制的图形

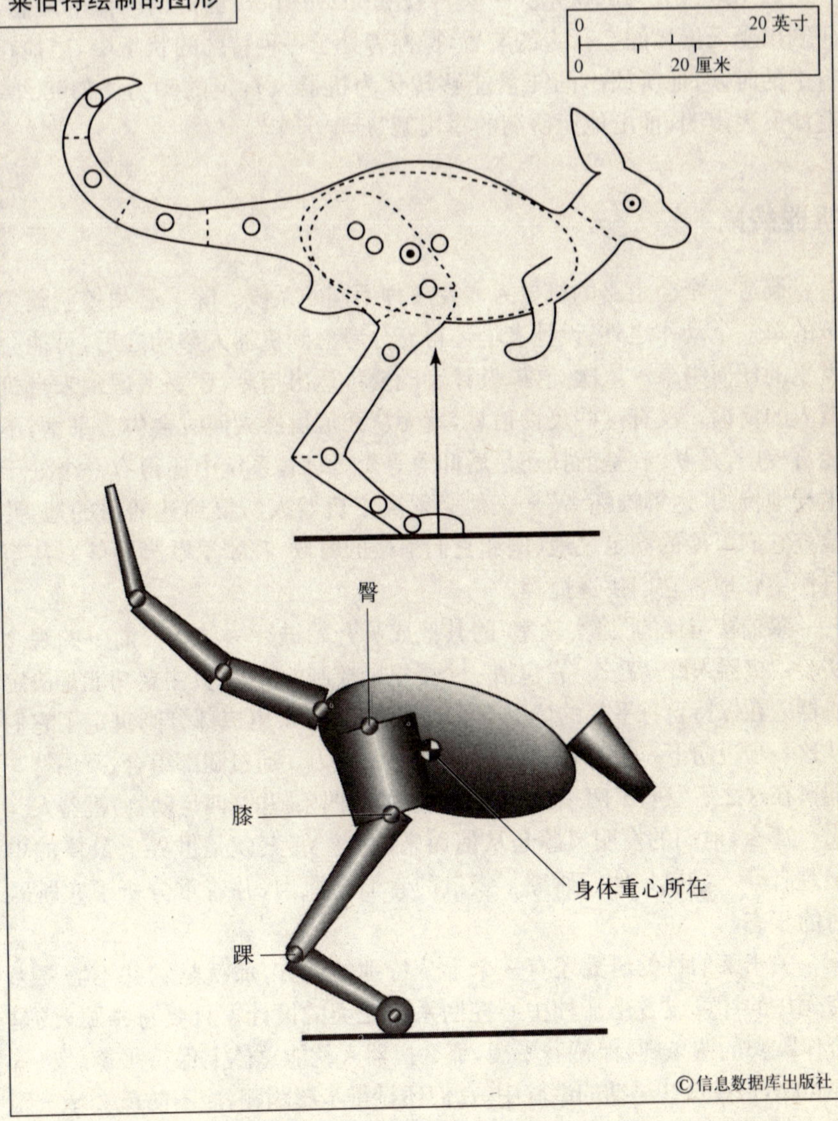

这些图形表明：马克·莱伯特与他率领的团队精确测试了一个袋鼠在跳跃时的步态，对其包含的元素进行了分析，据此得出袋鼠身体的重心点。

的。他们还研究出一种数学方程式，通过计算方程式，可以算出钟摆的平衡范围。

通用电气公司的拉尔夫·莫沙(Ralph Mosher)也根据类似的理念，研制出受人操控的会行走的装置，操控者处于一种特殊的状态中，当他在行走的时候，他所放出的能量能够转化为机器人行走的动力。1968年，莫沙发表声明，推出他所研制的军用型“行走卡车”。

机器袋鼠

制造一个会走路的机器人需要3种不同的系统。除了必须控制腿关节的每一个动作之外，设计者们还得充分考虑到机器人移动之后，可能会发生的任何结果。依次类推，设计者既要传达出指令，还要考虑到来自机器人的反馈。没有这些反馈信息，就无从知道机器人何时会失去平衡，不能自控(若是跌倒，是前扑还是后仰等等)。最后，系统中还得有一个处于主导地位的“运筹帷幄者”——他必须决定机器人所要到达的目的地，并检查它们可能的立足之地(例如它们下楼的时候，在哪里歇脚等等)，甚至自作主张地替它们挑选捷径。

莱伯特与他的“腿实验室”的其他成员开始进行一种十分简单的观念实验：“机器人踩高跷”。它包括一个受电脑控制的活塞，其主要功能是决定机器人在保持自身平衡的情况下能走多远；另一个组成部分则决定了它们从这一步迈向下一步时，腿部需要多大的弹跳力。通过腿部组合，莱伯特与同事在这之后发明了两条腿的(两足动物)与四条腿的(四足动物)机器人。

那么，他们的发明灵感是从何而来的呢？答案就是世界上最棒的单足跳者——袋鼠！他们研究了袋鼠的骨骼与肌肉，并着重分析了它跳跃时的步态。

关于莱伯特的研究还有一个十分特别的地方，那就是它并不需要无穷无尽的计算或者是某种中心控制系统之类的设计。只要每条腿(或是合作默契的两条腿)保持着平衡，那么机器人就能总体上保持平衡。尽管会走路，但在这些早期的试验中，它们还显得步履蹒跚，冷不防就会摔个跟头。他的研究一直开展了下去，不断有新的发现。到1984年，一个四脚机器人诞生了，它能在实验室的地面上一路小跑。一年之后，一个与人类更为相似的两足机器人出现了，它甚至能够调整自己的步伐。这一进步表明，人们对两足的移动中一些相关的基本原理有了更深的把握和理解。

莱伯特的研究客观上形成了 3 种形态的控制力。以人奔跑为例，人在跑动时跳跃式的移动过程中，为使双腿抵挡地心引力，消耗了一部分能量。与此同时，双腿也交替向前移动。在这个总的过程中，身体需要保持一个合适的姿势，控制躯干与双腿之间的角度，使身体保持直立。

奔跑型机器人的发明包含了 3 种计算机运算法则，分别针对 3 种运动——向上运动、向前运动与保持不动。比起那想在瞬间控制一切的想法来说，这只是个简单的任务而已。在各种环境与条件下，这 3 种运算法则都能迅速地进行调整，使 3 种移动保持协调。

莱伯特研究的 3 种控制力

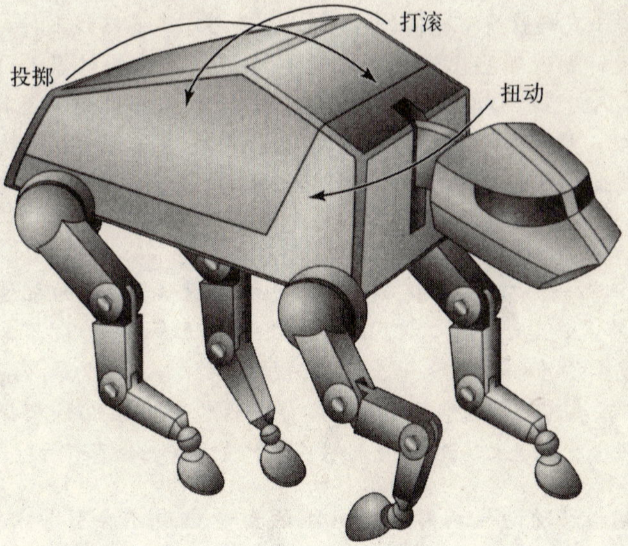

©信息数据库出版社

莱伯特针对双腿的移动，构想出来的 3 种控制力，在上面这幅四腿机器人的画面上得到展现。3 种可调整的控制力分别是：向前移动(打滚)、向上或向下移动(投掷)或是倾斜(扭动)。

一次只有一条腿移动——这是移动的最简单的状态。若是要像人或是猫一样轻盈地移动身体，那么，就必须同时移动一条腿以上。莱伯特通过将 2 条甚至 4 条腿组合成一条简单的"实实在在的腿"，解决了这个问题。在这样的腿中，各条腿都搭配得当，组合起来看，它们就是一条更简单的腿的模型。

波士顿动力

一个真正会走路的机器人所需要的能力，已远远超过莱伯特的“腿实

相关链接： 兽类与机器人

列奥纳多·达·芬奇(Leonardo da Vinci,1452—1519)时期的科学家与工程师们已逐步发现生物解剖学的秘密，并将其原理与机器的建造结合起来。一般说来，事实总是无可辩驳的，那就是——天然的机械装置的直接仿制品并不能真正与机器一起，合作无间——依此类推，尽管飞机与小鸟翅膀造型相似，却不会完全沿着小鸟的路线飞行。

为设计制造那些比动物与人类具备更多功能的机器人(通俗一点就叫“小机器人”)，研究者们无所不用其极，从蟑螂到袋鼠，一一试遍。而在自然界不断地给人以考验与打击时，设计者们也开始逐步揭开大自然的秘密。莱伯特曾在1986年的《电子计算机协会(ACM)通信》中发表过《有腿机器人》一文，其中说：

> *有一种方法可以获知更多的关于动物移动可能的机械装置，那就是设计走路型机器人。如果一个动物与一台机器需要完成类似的移动任务，那么它们的控制系统与机械构造必须能够解决相似的问题。通过各种各样机器的制造，我们能够将这些问题看得越来越清楚，越来越多的解决方法也会不断涌现。*

控制与移动的生物与机械系统的大量出现正在引导人们注意到，进化使得各种形态的生物为了相似的目标建立起相似的结构(例如昆虫、鸟类，甚至像蝙蝠这样的哺乳动物也会为了飞行而长出翅膀)。同样地，机器人也为了适应小环境，“进化”出相似的结构，而在未来的这种环境下，它们会出现得越来越多。

正如莱伯特所发现的那样，只有进行一些相关的、简单的、范围又较广的调整(例如改变步伐长度与行走姿势)，在奔跑时保持身体的平衡性便不成为一件难事。动物实验认为，神经系统并不会“隐性操作”物体的移动，而是会运用一些相关的、简单又全面的控制力。正如莱伯特对斯蒂芬·布迪安斯基(Stephen Budiansky)所说的那样：“机械装置有着自己的头脑与目标。”

验室”所展示的那些。在现实世界中，机器人需要在家具与人群这些障碍物中穿行不误……或是爬上岩石密集的地域。要使机器人“明白”如可根据路面状况调整自己的步履，那么可视系统与人工智能也是必不可少的。

1992 年，莱伯特一改学院派作风，开始将研究重点转向实用性的工业领域。他成为一家创新型软件公司“波士顿动力”的总裁。“波士顿动力”的研究对象是为政府与军事部门生产类人型移动装置。

特别的是，莱伯特将他的有关机器人移动的设计理念用于新近兴起的一种真实模拟运动的研究、使用中。这些运动形态包括仿真、游戏甚至随意移动。通过开发他的软件，这种具备特殊影响力的装置并不需要逼真模仿一个艰难的移动过程的每一步阶段，例如恐龙走路。操控人员只需建立几个简单的参数，告诉软件恐龙需要在屏幕的哪个区域移动，这一仿真装置也会同步启用。

通过一种名叫“数据输入者”(Di - Guy)的产品的使用，电脑游戏与仿真装置便能轻松地引入人类的形象。这种产品在军队中尤其受欢迎，军事人员能够拿它来进行军事演习，制造出各种各样的士兵与专家，包括登陆信号指挥与“第一个回应者”，所有人员都配备了防毒面具与其他武器。

机器骡

早期的人类生活所取得的一项重大进步便是让一些动物为人分担重物，如驯养马、骡、牛、骆驼等动物搬运货物。在过去的若干年中，莱伯特主持着一项机器骡的发明计划。这种行走型的机器人名叫“大狗”，能够为军队提高步兵携带能力。这一机器狗——或者称之为“电骡”——就能够在战争状态下，机警地为骑兵连寻找合适的地域。它还能够运输武器与军用补给，扩大子弹的射程，提高射击的持久度，甚至在那些普通的武器都难以到达的区域，如阿富汗山区。(除了波士顿动力之外，参与“大狗”研发团队的还有麻省理工学院、哈佛大学与斯坦福大学。)

莱伯特的思想中最具洞察力的一点在于，保证他的机器人平稳地行走与奔跑的运算法则同样也适用于动画片的制作过程。这是通过对真实世界中的技术的模仿，在服从物理学规律的基础上，创造出的“真正的机器人”。在 1991 年发表于《计算机制图法》杂志中的一篇论文中，莱伯特与 IBM 的研究人员杰西卡·霍金斯(Jessica Hodgins)解释了他们设计

科学成果： 机器人与动画片

1872年，摄影师艾德维德·麦布列基(Eadweard Muybridge，1830—1904)在跑道上设置了一些摄像镜头。当奔驰的骏马呼啸而过的时候，每个镜头就会打开，解除束缚的同时，照片也拍好了。这些照片是研究的第一手资料，从中可以发现马匹移动时双腿的运动情形。如果在一个快速的不间断的时间内照上足够的相片，其结果便是一幅“连续的图画”——电影。

当早期研究者们运用胶卷“分解”行走或是奔跑的姿势，将它们变为不连续的运动时，传统的动画片则是与其逆道而行的。它试图通过一串不连贯的图像创造流畅的运动。有许多方法可以达到这种效果，例如通过手工绘图制作卡通片，再比如通过运算法则完成从一个“关键图画”向下一个“关键图画”的转移。

而动画片制作者的最终的问题是如何让这些不连续的图画变成流畅的、具有强烈的真实感的画面。通常使用的一个办法是抓住真人演员的瞬间动作，并将它们合成为动画模型。不幸的是，这种能够将不同的动作顺利地组织起来的机会还是少之又少——一般说来，动画片的设计者还是缺少对机械学与动力学的真正认识。正因对物体的移动途径缺乏了解，因此对其下一个移动目标才难以做出判断。

过动画模型的过程，这些模型包括两足动物(会跑会跳的)、四足动物(不但会小跑、跳跃，还能够飞奔)，甚至是跳跳蹦蹦的袋鼠。在这些原始机器人模型的启示下，人们将目光集中于这种简单移动的一条或是两条腿中，从而简化了相关系统。一条腿被视为关节所联结的一个坚硬的实体。真正复杂的部分在于如何处理能量的贮存及从肌肉中释放出来，并通过关节转移，正因如此，在脚与地面发生接触并离开的时候，才能够舒适自如。

在这些基础工作之上，电脑的强大功能逐渐显现出来，其他一些复杂的动画模型(诸如人物面部表情的模拟)也与之结合，吸引了波士顿动力以及其他一些公司的注意，他们开始生产一些能够适应各种环境的高仿真型机器人。

有腿的机器人、模拟移动装置与动画设计的结合，有力地验证了这样一个事实：随着对人体知识水准的不断提高，传统学科诸如生物、机械工程与计算机制图之间的距离不再遥远，它们同样能绑在一起发展。更多有用的、适应力更强的机器人被生产出来，而一些具有教育意义的模型与游戏，一些更精准、更真实的配套产品也同样横空出世。

在设计机器人的过程中，莱伯特曾提醒英国《卫报》的记者戴维·汉普林(David Hambling)说："速度、地面的平整度与有效载荷之间，需要达到一个平衡。"为了更好地适应军事用途，机器人还必须能够与行军人员步履一致，迅速地穿越复杂地形。同时，它还得扛上足够的军事供给。至今为止，"大狗"机器人能够爬上倾斜 30°的斜坡，同时负载着超过 110 磅(50 千克)的物品。这项技术还在不断取得新的进展，我们的机器人在一些特殊的工作例如等待与营救工作中仍将有出色的表现。

要使机器人帮助人们扛运重型货物，必须清楚它们的受力极限是多少。在罗伯特·赫雷(Robert Heinlein)的小说《恒星飞船骑兵》中，未来战士们拥有着一套超能战衣，能够让他们动辄跨越千码以上，以便及时把负伤的战友带到安全地带。高级防御研究计划发表声明，说他们确立了一项具备强大功能的"外骨骼"计划，该计划能够使士兵们负载上千磅的物品。

波士顿动力最终开发出的机器人包括能在任何地形下作攀爬运动、同时接受远程控制的机器人赫克斯(Rhex)，它甚至能在沼泽地里游泳或是潜下去。除此之外，波士顿动力公司还制造了一种更引人注目的攀爬型机器人——拥有 6 只脚的"莱斯"(Rise)，它能沿着垂直 90°的墙面、栅栏或是树上爬行。这些机器人对各种各样的地形、地貌都毫无惧色，在它们身上，有着强大的适应与抵御能力。

更具动力的前景

马克·莱伯特曾预言说：有腿机器人与其他移动型机器人的发明年限在 25 年之上，而现在，从波士顿动力以及整体的行业水平来看，这一目标已经实现了。在莱伯特与其他研究设计人员(诸如本田的阿西莫机器人的设计者们)的共同努力下，会走路的机器人正在一步步地坚定自己的脚步，从行星探测系统，到普通的休闲娱乐活动，都发挥着它们的巨大作用。

在许多机器人会议上，莱伯特都是一个很好的演说家。2004 年，由卡内基·梅隆大学主办的、以"机器人及其理念"为主题的 25 周年会议上，莱伯特当之无愧地成为众人瞩目的焦点。

虽然莱伯特将他的主要精力放在机器人的商业用途上，但他在更广范围的移动型机器人研制、应用方面，也走在了学界前沿。与此同时，一种具备革新意义的动画与模拟软件也相应地开发出来。

生平年表

1870 年	早期的会走路的机器产生了，但它们姿态僵硬，而且不能曲线前进
1872 年	艾德维德·麦布列基开始针对 40 种不同动物的移动图像展开研究
1949 年	马克·莱伯特出生于纽约
1968 年	拉尔夫·莫沙研制出了“行走卡车”，并接受了美国军方的检验
1973 年	莱伯特从东北大学毕业，同时获得电子工程学位
1977 年	莱伯特从麻省理工学院获得博士学位 罗伯特·麦基领导的俄亥俄大学的实验团队成功地开发出了一种受电脑控制的 6 腿型机器人
1977—1980 年	莱伯特在位于加利福尼亚州帕萨迪纳市的喷气式推进力实验室担任了 3 年工程师
1980 年	日本研究人员发明了一种 4 条腿的、能够爬楼梯的机器人
1981 年	莱伯特成为卡内基·梅隆大学计算机科学与机器人技术的助理教授；他还成立了“腿实验室”，专门研究如何让机器人走路
1982 年	莱伯特设计出了第一个会跳跃的机器人，在跳跃的同时还能保持身体的平衡
1983 年	单腿跳跃型机器人开始能够在一个开放性地域奔跑，并保持平衡
1984 年	平衡技术进一步地适用于 4 条腿的机器人，它们能进行小跑

1986 年	莱伯特回到麻省理工学院，继续在"腿实验室"的工作 双腿走路型机器人开始学会做投掷动作以及其他高难度的动作
1989 年	双腿机器人具备了跳环的功能
1991 年	一个貌似袋鼠的机器人在它的一条腿和尾巴的帮助下，能够平稳地跳跃 莱伯特与他人合写了一篇论文，文中将机器人技术模型应用到动画片的制作中
1992 年	莱伯特成为波士顿动力公司的总裁，进一步寻求从机器人到动画制作的衍进技术
1995 年	莱伯特离开麻省理工学院，全职担任波士顿动力的总裁
2005 年	波士顿动力设计出"迪盖"软件，提供真人模型的模拟装置 防御部门基金会正在进行一项能为军队运输补给物品的"机器骡"的研究

扩展阅读

图书：

马克·莱伯特，《保持平衡的走路型机器人》，第二版，波士顿：麻省理工学院出版社，2000 年。书中描述了有腿型机器人（包括单腿机器人、双腿机器人与四腿机器人）移动的原理、执行过程与模拟装置。

文章：

斯蒂芬·布迪安斯基，《与机器人共舞的科学家》，美国新闻与世界报道第 117 期，1990 年 11 月 14 日。对马克·莱伯特的麻省理工学院的"腿实验室"进行的机器人研究作了普及性的介绍。

戴维·汉普林，《独立不羁——机器人彰显时代特征，四腿机器人散发独特光芒》，卫报，2005 年 2 月 24 日。可在线阅读。地址：http://technology.guardian.co.uk/online/insideit/story/013270142365700htm. 从 2005 年 9 月 4 日起可在线访问。

基尔·普拉特，《麻省理工学院的走路型机器人——莱伯特之后的新科学》，转自

《1999年度攀爬型与走路型机器人国际会议记录》。可在线阅读。网址：http://www.uwe.ac.uk/clawar/newsletters/issue4/mit.html. 从2005年9月1日起可在线访问。描述了莱伯特离开之后，麻省理工学院的走路型机器人的研究新进展，展示了一些操控装置的新模型。

马克·莱伯特，《会走路的机器人》，电子计算机协会(ACM)20(1986年6月)：499—514。文中描述了会走路的机器人的很强的适应性，并介绍了一部分操作原理。

杰西卡·霍金斯，《移动型机器人的动力模拟》，《ACM电脑制图》25(1991年7月)：349—358。文中介绍了一项具有革命意义的研究——在对动物以及机器人的移动应用基础上的动画制作。

皮特·维斯，《跳跳跳——小型移动型机器人从蚱蜢与青蛙身上汲取灵感》，《科学新闻》2001年2月10日。可在线阅读。网址：http://www.findarticles.com/p/articles/mi_m1200/is_6_159/ai_72058401. 自2005年9月3日起可访问。文中介绍了高级移动型机器人的设计者们是如何受到对蚱蜢类昆虫的移动策略研究的启发的。美国国家航空咨询委员会(NASA)正在将此项技术应用到新的火星漫游装置设计中去。

网站：

"波士顿动力"。网址：http://www.bostondynamics.com. 从2005年9月6日起可在线访问。该网址提供了数字移动模拟装置及其成品，包括"迪盖"包。

"麻省理工学院'腿实验室'"。网址：http://www.ai.mit.edu/projects/leglab. 自2005年9月1日起可在线访问。描述了麻省理工学院"腿实验室"的研究人员的工作与研究计划的进展情况。

4
真实世界中的机器人
——科林·安格、海伦·格雷纳与机器人

尽管20世纪40年代第一台电子计算机就已横空出世，但在接下来的30年里，无论是大公司、政府部门还是大学都没有真正将此技术投入使用。70年代，个人用的桌上电脑也被开发出来了，但绝大多数人还把它看作那些电子爱好者们的新鲜宠物或者说是高级玩具。而今，尽管个人电脑已经具备了各种形态，并跟电视与电话一样，进入到千家万户。个人电脑的爆炸不仅仅因为机器的功能更加强大、价格更加便宜、结构更加紧密、可用性更强，还因为人们对单词处理、发邮件、上网等需求大大增加。

家用型机器人所处的发展阶段与早期的个人电脑的阶段相似。70年代以来，工业型机器人已经在工厂里得到了广泛应用，而在各个研究单位的实验室里，实验用的机器人也开始学着打滚，甚至是走路。这些都在一个更复杂的情况下，检验着人工智能理论及其与人类之间的关系。而在老电视节目“杰森”中出现的会做家务的机器人“罗丝”能在现实生活中找到吗？这样一个理想中的能够整理房间、洗涤盘子、清扫垃圾，甚至在父母外出时照看婴儿的机器人真的存在吗？

说实在的，这样的机器人恐怕只存在于未来。但在一些走在科学前沿的发明者与企业家如机器人公司的科林·安格(Colin Angle)与海伦·格雷纳(Helen Greiner)(与他们的同事和导师罗德尼·布鲁克斯)的努力下，到2005年止，美国家庭中已有超过100万的机器人投入工作，它们在其他一些国家中的数量也是节节增长。而它们现在所做的事只是清理地面。但在未来的机器人展览中，我们将会发现越来越多的机器人进

入到人们的日常生活，做那些极费时间的事情，因此它们也部分地满足了人们的需要。有了它们，家居生活会变得更为安全舒适。

实践家

科林·安格出生于 1969 年，在纽约北部的尼斯卡于纳(Niskayuna)小镇长大。尼斯卡于纳附近有一个大型的通用电气公司的研究部门，小安格也渐渐被这些结构复杂的机器迷住了。正如他对在线杂志《商业周刊》的记者所说的："我感兴趣的永远是需要动手的工作，而不是那些理论。"

后来，安格进入麻省理工学院(MIT)学习，并获得了电子工程的学士学位与计算机科学的硕士学位。在麻省理工学院的学习生涯中，机器人专家罗德尼·布鲁克斯指导下的移动机器人实验室引起了安格的注意。在与布鲁克斯愉快交谈之后，安格很快便在后者主持的一个项目中担任暑期助理，这个项目的目的就在于开发一种貌似昆虫的、会走路的机器人金赫斯(Genghis)。

科林·安格协助机器人发明家罗德尼·布鲁克斯研制了一种新的行星漫游装置。当今，他的 iRobot 公司不但制造那些会做家务的机器人，还给军队与法律部门提供协助。(iRobot 公司)

有机会参与发明各种各样的革命性机器人，这对安格来说真是喜事一桩。在实验室附近工作的计算机学家杰夫·萨瑟兰(Jeff Sutherland)在他的日志中回忆说："(安格)发明的最早的机器人通过运用红外线感应器，居然在我的办公室把我一下子给打趴下了。"与此同时，安格还获得了在位于加利福尼亚州帕萨迪纳市的喷气式推进力实验室(JPL)工作的机会。在那里他参与了一项新发明。一种体积更小的、造价更低的行星探测与漫游装置诞生了。这种袖珍型的名叫"土斯"的"漫游者"的发明在机器人史上具有革新意义，因此美国国家宇航局(NASA)也颁予他特殊奖励。

强强合作：布鲁克斯、安格与格雷纳

1990 年，罗德尼·布鲁克斯开始期望着将移动机器人技术逐渐引入市场领域，为此他与科林·安格结成联盟，与麻省理工学院的研究者海伦·格雷纳一道，成立了一个公司，这就是后来赫赫大名的 iRobot 公司。他们给公司取名的时候借鉴了艾萨克·阿西莫夫(Isaac Asimov)的一本关于机器人故事的书《我是机器人》(I,Robto)的名称，也是向后者致敬。

1969 年，格雷纳出生于伦敦，不过她却是在纽约的长岛长大的。在她还是个小姑娘的时候，她就对科学与数学表示出兴趣。那会儿她看了一部叫《星空战争》(Star Wars)的老电影，被其深深鼓舞，开始有了发明机器人的想法。试想一下，如果发明出来的机器人能够像片中的 R2D2 那样与人为善、那样随机应变该多好。(不过她在了解到机器人实际上是受人操控的事实之后，还是有一些沮丧。)到了 11 岁的时候，格雷纳开始在一台最早的个人电脑上自己编写程序，并试图去控制电动玩具的移动。

与安格一样，格雷纳也在麻省理工学院拿了学位——机械工程学士、计算机学硕士，并跟随布鲁克斯在麻省理工学院的人工智能实验室做研究。据麻省理工学院的老师给她的评价，格雷纳并不像一些学生那样，具备很强的理论性，而是对将机器人技术的商业化运作更加感兴趣。

格雷纳在机器人设计方面的技能与很强的动手能力，使得她在 iRobot 公司一样干得很出色，在她的带动下，公司的第一批产品顺利投入市场。尽管别的公司都对她青睐有加，竭力想挖她到旗下工作，她还是不为所动，决意与布鲁克斯、安格一起工作。

海伦·格雷纳与科林·安格与罗德尼·布鲁克斯一起，创建了 iRobot 公司。格雷纳既拥有杰出的工程师天赋，又兼具商业头脑。(iRobot 公司)

玩偶娃娃

罗德尼·布鲁克斯的位于麻省理工学院的机器人实验室进行了长时间的准备，力图研制出一种能够或多或少读懂人的身体语言、面部表情与口头语言，并且做出合适的回应的机器人。在1995年，布鲁克斯研制出一种叫"IT"的研究型机器人。1998年，布鲁克斯与安格决心发明一种新的受计算机控制的玩偶娃娃。它的名字就是——"我的小宝宝"。

这种玩偶娃娃不仅有着逼真的皮肤与面部肌肉，还能够感应到自己是如何被操作的。它能够灵活地移动嘴唇、脸颊与额头(还能够挑眉毛、微笑或是做鬼脸)，甚至还会别的，例如抱着自己的大拇指或是奶瓶吮个不停。

玩偶的"情绪部位"能够随着不同的操作指令进行变化。举个例子，如果把它颠倒过来，它就会表现出不乐意的样子，并会根据紧张的程度抱怨。要是挠它的痒痒，它会咯咯地笑；要是敲敲背，它还会打嗝——不过若是两个动作的接续过于紧密，它会稍稍不知所措。在你与玩偶娃娃玩数小时后，它甚至学着说出一些高难度的话来。

这种复杂的举止背后，要求玩偶娃娃由相当多的部件构成。举个例子，笼子里的滚珠发出信号，提醒机器人注意它是处于滚动状态还是平稳状态。光感应器负责监测是否有人拥抱玩偶或是挠它的痒痒。磁感应器则随时报告是否有人给玩偶喂奶等等。

安格与布鲁克斯相信，自己已经掌握了机器人制造的基本技术。但当他们向玩偶厂家展示这种机器人模型(名叫"电子婴儿")时，后者完全被震惊了。事情竟然发展到如此地步——他们都不会使用这种貌似玩偶的复杂机器人。因为是首次投入使用，这种"会说话的洋娃娃"以及其他类似的玩偶的零售标准价大大低于其成本价。更有甚者，玩偶厂商们面对市场投放都显得手足无措。似乎它们的新奇特征也难以向人们解释。

终于，在1998年，"iRobot"与世界领先的机器玩偶制造商哈斯布罗(Hasbro)签订了一个协议，协议规定：iRobot负责构想新玩偶的设计主案，哈斯布罗则负责策划市场，使其合理地投入使用。"iRobot"便是这种协议签订的直接产物，在2000年的圣诞节如期投放市场。

虽然"iRobot"在市场上并未得到多少青睐，但其发明却标志着机器人技术史上的一个里程碑。正如罗德尼·布鲁克斯在接受《华尔街杂志》的记者约瑟夫·佩雷拉(Joseph Pereira)的访问时所说："我们的机器人在历史上第一次(不得不)与成千上万的人打交道,它们进入的是普通家庭,那些主人可不像从高等院校毕业的学生们,对深奥的人类心理学如此感兴趣。”

在接下来的若干年中,许多公司逐渐达成这样一个共识:像索尼公司制造的“阿波狗”这样的机器玩偶与宠物代表着未来的发展潮流。在2002年,iRobot与哈斯布罗两大制造商共同设计了一种会走路的机器恐龙,在机器人潮流中渐行渐远。

科学成果: 在有限的条件下创造无限的可能

为了使“我真正的娃娃”的操作更简单,价格更有竞争力,布鲁克斯与安格想了种种方法,重新设计其构造,调整其行为。为节约成本,他们不得不去寻找与软件更为合适的处理芯片。用于控制面部肌肉的5个独立的驱动被一个更简单的驱动所代替,简单归简单,基本的功用还是保留着的。

就其行为上看,最初设计的电子婴儿(BIT)与真正的婴孩非常相似——它会一直哭个不停,直到有人喂食才停止。但因为“我真正的娃娃”的小主人们有限的注意力与耐心,它被设计成不食人间烟火的模样——如果不被喂食,也会最终克服饥饿的感觉;只要小主人喜欢,会立刻回到精力充沛、兴致勃勃的状态。另外,这种娃娃并不会对更换尿布的时间过于敏感和挑剔,无论你是移动它的尿布或是不给它换尿布——使其从“湿”变“干”,它都不会有意见。

这些根据小主人们的喜好所作的变动,扩大了布鲁克斯在麻省理工学院的实验室设计出来的机器人与iRobot公司真正投入市场的产品之间的差距。研究用机器人的发明是为了实践某种有趣的理念与问题,开拓得越深入越好。但当通过研究中总结出来的规律进行革命性的产品开发时,当发明者摇身变为企业家时,他脑中的理念必定会发生一些明显的变化。消费者们被机器人所吸引并不难,但厂家的最终目的是让这些机器人符合消费者的需求——并且价格合理。

iRobot成功的另一个关键因素在于,它能够被再利用,即使是拆后重组,其技术基础并未受到撼动。因此一个娃娃的逻辑与行为系统同样适用于一个机器宠物。正如一个真空吸尘器的原理同样适用于电动清洁机或是除尘器,甚至是会割草的机器人。另外,还能根据人们的实际需要量身订制一些其他功能。

家用型机器人——另一个分支

当安格、格雷纳与布鲁克斯寻求新的机器人使用方法时，一个念头突然闪过他们的脑海，那就是发明一种袖珍型的真空清洁器。要知道，玩偶只占据了一小部分市场份额，而在现实生活中，几乎每个家庭都有一个真空吸尘器，同时还不得不面对那些每天都逃不掉的、枯燥无味的家务琐事，面对那些周而复始的灰尘毫无办法。

问题在于，如何发明一种真空吸尘型机器人，使它在无人值班的情况下，独立完成这件工作。在麻省理工学院，安格、格雷纳、布鲁克斯与其他研究人员设计了一种非常复杂的实验型机器人。正如安格在《机器人发展趋势》中所说的：

> *“当我在麻省理工学院工作的时候，设计了一种万能机器人，能够满足你对机器人的一切设想和期望。它个头不高，却藏着23个驱动设备、11台电脑系统、150个感应器……诸如此类。无论从哪个方面看它都是无与伦比的，但有一个问题：它每次工作都不能超过1个小时以上。*
>
> *“当我将它完成之后，我问自己：接下来要干什么？我已经设计出了理想的机器人，但它似乎并不能让我欣喜若狂。究其原因，它只是一个实验计划而已，却不是一个能在现实生活中与各类人发生接触的机器人。科幻小说中描绘的那些特征它并不具备。我想要的是一个能够替我清理房间的机器人，我想要的不仅仅是制造那些有趣的‘独一无二’的机器人，我想要的比这个更多。”*

安格与格雷纳发现，将这些高尖技术的机器人理念投入到实际产品中去，并不是一件十分容易的事。首先，在研究用机器人与实用机器人之间就有着很大差别。实用机器人为了占据市场，就必须降低成本。正如安格在《商业周刊》的在线文章中所说的：

> *“总的说来，机器人技术的最大困难在于：人们想要脚踏实地地建造那些耗费成千上万元的机器人。在一些情况下，他们*

往往有着资金支持。所以不需要考虑制造成本，只要做你想做的事就可以。而现在挑战也来了，你所设计出来的机器人的最终价值是远高于其成本价的，但市场不认。”

夏 克

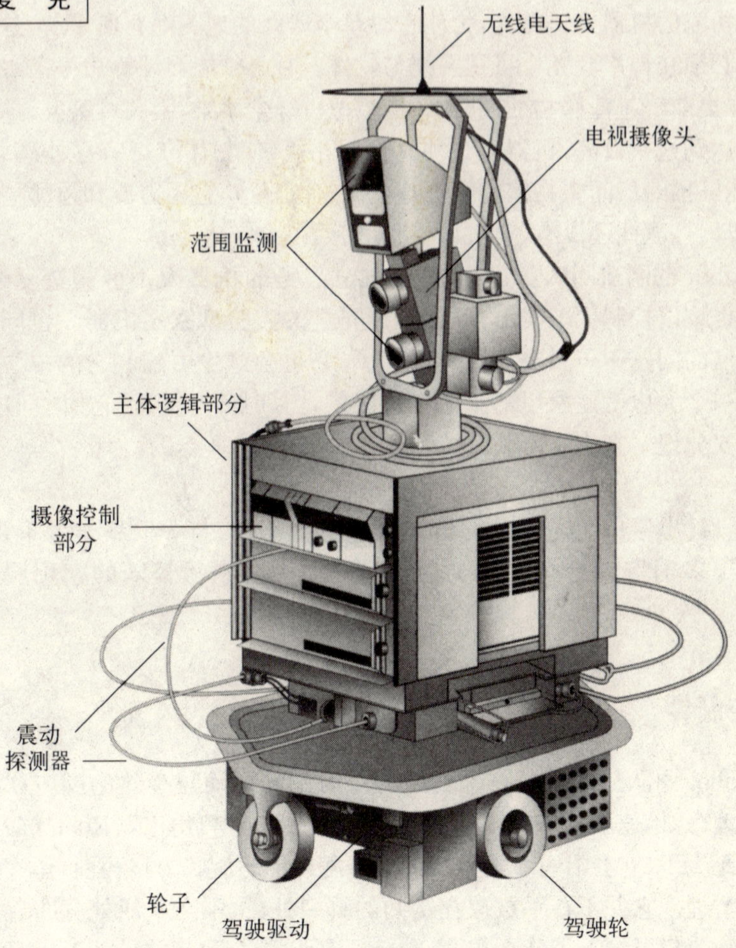

1960年，“夏克”(Shakey)诞生于斯坦福大学的研究中心，它是一个以传统人工智能为基础的移动机器人。尽管到今天计算机的功能变得越来越强大，一个更为简单的机器人装置会越来越成为潮流所趋。

在与布鲁克斯的合作中，安格与格雷纳认识到要让机器人像普通真空除尘器、微波或是清理机器那样具备价格优势与适应能力，就必须重新设计一整套路径。布鲁克斯首先设想出了一种能根据指令简单作出反应的机器人，接着他们从之前的设计成品中拿掉了一切多余物。

让我们来看一看典型的实用型机器人的设计者如何设计一个具备真空吸尘功能的机器人。首先，为使它对每个房间的地图都有所了解，这个机器人必须获得一套完全可视系统与软件。它必须能够计算出一条最优路径，在提前绕过障碍物的同时，将地板擦得纤尘不染，明亮可鉴。

为达到这一目的，机器人必须具备照相机（使物体变得有立体感）与软件（能够描绘房间中物体的特征，同时进行定位），它还需要知道哪些区域已清理过，哪些还没有，对大局要心里有数。

iRobot 的制造团队认识到，能够独立思考的机器人不但构造复杂，造出来也难以控制。事实上，即使是最先进的实验型家用机器人也同样有着自己的问题——只要家里环境变了，它也会产生困惑。它的中心地图中的一个大患就是家里的猫。在最终的计算时间与清理开始时间内，猫会不安分地走来走去（看来猫倒很适合被做成真空的），那一切都乱套了。

要设计出避免上述问题的机器人，其造价大约与一辆新车差不多。并没有很多消费者会掏钱购买这样一台看上去粗粗笨笨的家用服务设备。

行动控制钟

iRobot 团队打算根据布鲁克斯的将简单的行动与有效的反应联结起来的理念，迅速展开了一项全新的设计。一种叫“鲁姆巴”（Roomba）的机器人诞生了，它会沿着绕着房间的一条随机的螺旋状的路径前行，一边走一边清理。它并不在乎被放在房间的哪一处，也不在乎四处分布着多少障碍物。只要撞上了什么东西，它会迅速调整自己（还能针对卫生死角等处运用一些特别的技巧，清理干净）。

鲁姆巴并不知道房间内的哪些地面已经清理过了；但是这对它来说不成问题，因为它所随机设定的路径已经保证了它能走遍房间的角角落落。当机器探测到前方的墙壁时，在前进的同时，一个旋转的刷子会收集各个边边角角的脏东西。另外还有两个逆向旋转的刷子通过它的真空喷口的边缘,将一些较大的垃圾吸入其中。

鲁姆巴能够有效地工作还有一个绝招。当刷子附近的特殊感应器监测到哪块区域累积的灰尘较多时,它便会自动启用一个更高级的清洁按钮,这样它就会花更多的时间清理这块较脏的区域。当探测不到灰尘时,鲁姆巴便会回到平常的漫游状态。这种随机导航功能与集中清理行为结合起来,所做的工作令人极为满意——平均每 20 分钟,鲁姆巴便能将房间清理得干干净净。

面对楼梯与其他类似"悬崖"之类的地方,鲁姆巴可以利用红外线进行探测。只要它处在平地上,红外线便会弹回到探测器上。若是不弹回来,鲁姆巴便会调整自己的方向,避免摔倒。最终,它能通过设置一种特殊的光源,将自己与某块特殊的清扫区域联系起来。

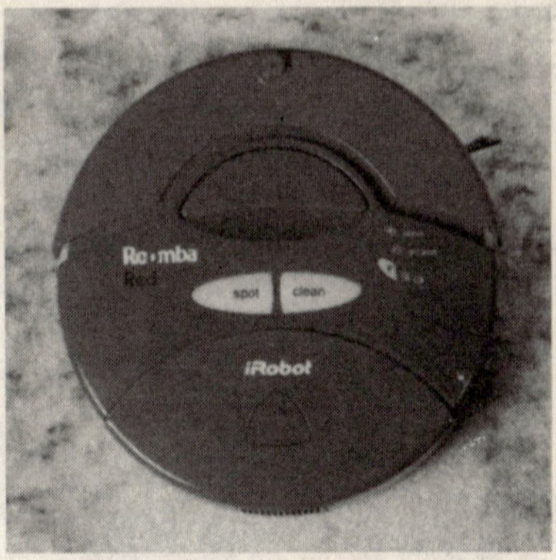

上图所示的这一结构紧密、外形亲和的机器人鲁姆巴能够在很短的时间内,将地面打扫得纤尘不染,并能够在需要时回到再充电状态。(iRobot 公司)

即使鲁姆巴已具备了优秀的设计功能,iRobot 公司的设计者们也不得不拿出精力应对那些大规模产出的消费型机器人的实际问题。当实验室里的一个简单的机器人忽然出现失灵的小问题或是需要更换部分零件时,人们并不需要查看说明书。但作为消费品的机器人就不同了,质量控制与质量保证变得极为重要,iRobot 公司正是因为必须针对鲁姆巴的电池更换系统,而不得不发送出成千上万的插件程序,才认识到这一点的。

幸运的是,研究者与市场分析师都想到了有利于鲁姆巴的推广的好办法。到 2005 年为止,超过 1200 万的鲁姆巴被抢购一空,每台的售价约是 200 美元。一年之后,斯库巴(Scooba)——一种会擦洗的机器人诞生了。

在最近的鲁姆巴模型的设计中,iRobot 公司针对机器人的清扫、储存与动力系统等方方面面,进行了一些小修小补。但最有意思的一项措施是使鲁姆巴根据房间的大小规格与灰尘的厚度进行清理类型的调整,并在需要充电的情况下发出红外线以示休眠。这些改进使它变得更聪明

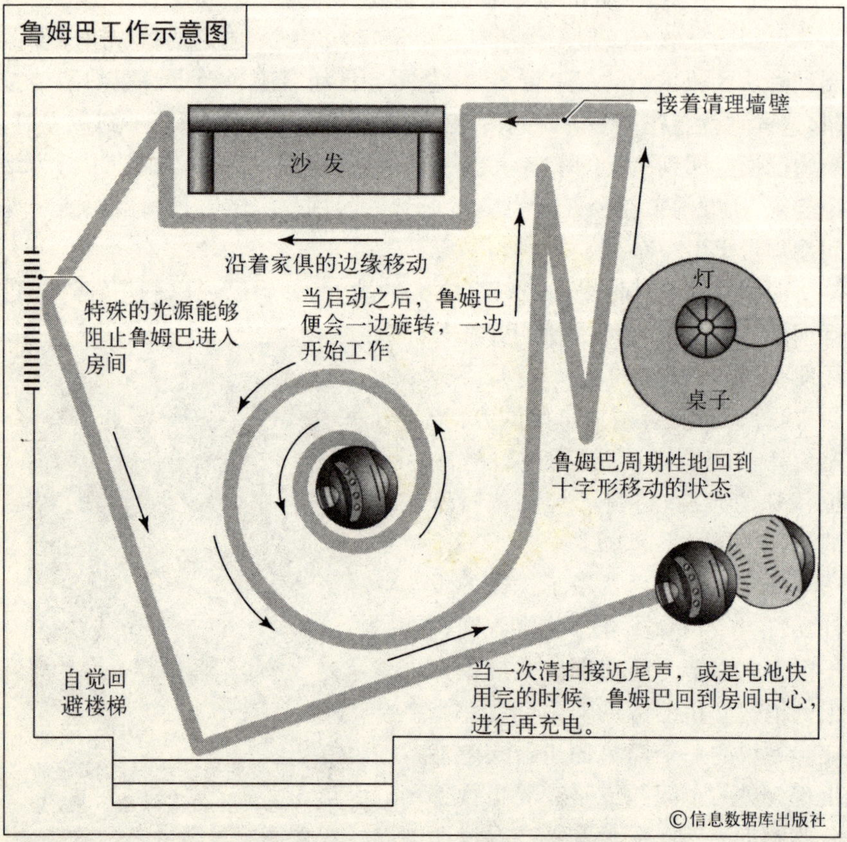

鲁姆巴具备如此高的效率，归功于它的简易设计以及合理的清洁路线，后者能够毫无遗漏地覆盖房间的边边角角。

伶俐，讨人喜欢。其他一些企业诸如爱普力加公司与夏普公司等也设计出了更具竞争力的清洁型机器人。看来，这种特殊形态的家用机器人得到了消费者越来越多的青睐与喜爱。

前线使用的机器人

军事与法律实施机构对机器人尤其感兴趣，他们需要机器人代替自己做一些困难的、甚至是危险的工作，例如迅速解除即刻爆炸装置，或是安全地接近扣押人质的犯罪嫌疑人。iRobot 发明了一种能够满足上述要求的机器人，名叫帕克波特(PackBot)。

帕克波特约重50磅(23千克),因此它能方便地上下警车,甚至能背起操作人员。这种机器人的行进路线类似一台小型坦克,但能自由旋转的鳍状肢却能使它随时越过碎石,甚至爬上楼梯。特制的可视系统还配有不同类型的感应器、摄像机与执行特殊任务的相关装置。

来自伊拉克与阿富汗的美国士兵纷纷给格雷纳写信,信中说,前线使用的150台帕克波特帮助他们寻找并解除藏在建筑物与窑洞中的爆炸装置,他们的命是被它们捡回来的。收到这些信,格雷纳甚感欣慰。

2005年7月,iRobot设计出了帕克波特探测器。这一模型是为那些监视任务设计的。它有3种独立的摄像镜头,能够与不同的特制感光器配合使用。

未来的家用型机器人

安格与iRobot公司的同事们相信,消费型机器人的市场前景是有所保证的。他们还相信,当许多家务变得越来越复杂繁琐,已不像清理地面这样简单时,能够解决这些复杂问题的机器人也应相应地被生产出来。作为企业家,他们所面临的挑战是选择合适的时机,使可应用技术与成功的设计完美结合,这样,设计出的机器人的功能与其成本也能保持平衡。

同时,正如安格在《商业周刊》的在线文章中所说的:

> *“鲁姆巴只是我们构想的第一步。它不具备任何危险性,也能勤勤恳恳地工作,这令人们大为惊奇。它的出现,使越来越多的人扭转了观念,肯定了机器人对我们来说是有用的。人们想象着,拥有了这样一套家用系统,房间的地面便会永远干干净净。接着,再想想如何发明那种能够照顾人的机器人,特别是照顾那些年老体弱、行动不便的人。那才真正是机器人技术的精髓呢!”*

在与Engadget·com的一次访谈中,格雷纳也表达了类似观点。她认为:

> *“在未来30年中,人们不再会为那些家务琐事而倍感忧心。*

机器人会从一种自动控制装置进化为家用自动控制系统。iRobot(及其他公司)的产品售卖表上,还将增添以下成员:会清理地面的机器人、会擦窗户的机器人、会整理橱柜的机器人、会割草的机器人、会清洗厕所的机器人……无论何时何地,一尘不染的地面将会给消费者带来惊喜。只要一声令下,机器人就会随时待命,在你的指挥下毫无惧色地做任何工作。

"将来在每一班汽车上都会有一个机器人,它将毫无犹豫地将上班的人送到它之前毫不熟悉的地点。在世界人口老龄化问题越来越严重的时候,机器人将会解决许多至关重要的问题。现在人们热切关注的是它们能不能照顾那些需要帮助的人们的日常生活。一旦机器人进驻家里,那就意味着它可以随时打电话叫医生,为你在病床上的奶奶倒水,保证医疗用品的随时补给,甚至找到爷爷找了1000次的老花镜。"

在最近的研究中,iRobot开发出了一种接受远程控制的机器人,允许人们通过因特网"打电话回家",并指挥机器人在房间里巡逻、做事(甚至可以爬梯子)。除了保证没有任何异常情况出现外,使用者还能够启动机器人的人际交往能力,它能跟家庭成员进行对话,甚至能在孩子临睡前绘声绘色地讲童话故事。

尽管拥有200多名员工的iRobot公司是目前世界上最大的机器人制造商,格雷纳、安格与其他机器人技术的领导者们在这些项新的应用技术面前,还需要着手解决复杂的问题与障碍。远程控制与电视装置(例如适用于军队、法律实施部门与家庭的监控装置)将会变得越来越简单,因为不再需要机器人做那些高智商水平的决策。人们将会对购买"杰森家的"机器人产生极大的狂热,这种机器人体形娇小玲珑,并能完成许多不同的工作。在简单的环境中,最先进的实验室用的研究型机器人也只能做一些有限的、提前制定好的工作(会割草的机器人已经非常普遍了)。也许有一天满足我们需要的机器人会来到我们中间,将极为出色地完成我们交给它们的任务。

革命性跨越所带来的荣誉

2003年,安格与格雷纳被恩斯特(Ernst)与扬(Young)颁予年度新英格兰企业家称号。格雷纳还被麻省理工学院的《技术评论》杂志评为“21世纪的革新者”称号，并获得了享有崇高声誉的德莫会议的“德莫”奖，这也是对她的杰出技术贡献的褒奖。

毫无疑问，安格与格雷纳的发明已引起了公众的极大注意（机器人鲁姆巴们也在几百万户人家中发挥着巡视与清扫的作用），这一切都将促成下一代的年轻的机器人发明者们的百花齐放。事实上，到2005年为止，有报道声称，年轻的“机器人黑客们”正在对鲁姆巴进行一些改变，使其成为展示自身技术的平台。

生平年表

1968年	海伦·格雷纳出生于伦敦
1969年	科林·安格出生于纽约北部的尼斯卡于纳
1988年	安格与罗德尼·布鲁克斯研究团队的其他同事们开发出了会走路的机器人“金斯”(Genghis) 安格从麻省理工学院电子工程系毕业
1990年	安格、格雷纳与布鲁克斯共同成立了一家名叫“人造物”的公司——即iRobot公司的前身
1991年	安格因为发明牙齿微型探测器，获得美国国家航空咨询委员会的表彰
1999年	iRobot公司将机器玩偶“我真正的娃娃”投放市场 麻省理工学院《技术评论》杂志将格雷纳评为“21世纪的革新者”
2002年	iRobot出品的第一台真空吸尘型机器人“鲁姆巴”投放市场
2003年	恩斯特与扬任命安格与格雷纳新英格兰年度企业家称号 iRobot公司生产的帕克波特开始在阿富汗与伊拉克战争中投入使用
2005年	一种能够擦洗地板的机器人“斯库巴”诞生了

扩展阅读

图书：

罗德尼·布鲁克斯，《人体与机器：机器人如何改变了我们的生活》，纽约：帕森书局，2002年。书中介绍了布鲁克斯所进行的工作、机器人技术所取得的进展，以及他在艾罗伯特公司所起的作用等等。

文章：

马克·杰威尔，《有志者事竟成——艾罗伯特公司的成立者们》，《技术评论》，2005年5月31日。可在线阅读。网址：http://www.technologyrevies.com/articles/05/05/ap/ap_3053105.asp? p=1.访问时间：2005年9月9日以后。文中介绍了海伦·格雷纳的个人经历，同时也介绍了围绕着艾罗伯特公司的产品的一些讨论。

马歇尔·卡奈罗斯，《机器人入侵》，CENT新闻频道，2004年3月10日，可在线阅读。网址：http://news.com.com/Invasion+of+the+robots/2009-1040_3-5171948.html? tag=nl.访问时间：2005年8月15日以后。描述了在更廉价的、功能更强大的处理器、感应器与软件的驱动下，最新的机器人技术所取得的进展。

——《机器人帕克的设计者》，CENT新闻频道，2005年7月7日，可在线阅读。网址：http://news.com.com/The+leader+of+the+robot+pack/2008-1008_3-5776430.html.访问时间：2005年9月7日以后。文中有科林·安格的专访。

约瑟夫·佩雷拉，《自然的智慧：海伦·格雷纳认为机器人成为家庭成员的条件已成熟》，《华尔街杂志》网络版，2002年10月。可在线阅读。网址：http://www.wsjclassroomedition.com/archive/02oct/COVR_ROBERT.htm.2005年9月24日起可在线访问。文中讨论了海伦·格雷纳的工作及其将机器人带入千家万户的宏伟计划。

《机器人：今天是鲁姆巴，明天是……》，《商业周刊》网络版，2004年5月6日。可在线阅读。网址：http://www.businessweek.com/print/technology/content/may2004/tc2004056_2199_tc_168.htm? tc.自2005年9月8日起接受在线访问。有关科林·安格的访谈，讨论了机器人技术的市场前景。

菲利普·托伦，《访问艾罗伯特公司的总裁与创立者海伦·格雷纳》，英加杰特频道，2004年8月2日，可在线阅读。网址：http://features.engadget.com/entry/8154940951659251.自2006年1月15日起可在线访问。文中，格雷纳介绍了艾罗伯特公司的一些产品与未来若干年的计划。

《卖家聚焦：你热爱什么，如何获得成功：艾罗伯特公司科林·安格访谈》，《机器人潮流》,2003 年 9 月 12 日,可在线阅读。网址:http://roboticstrends.com/displayarticle95.html. 2005 年 7 月 14 日起可在线访问。在这篇文章中,科林·安格介绍了艾罗伯特公司生产的家用与军用型机器人,并从较高的高度审视了机器人工业的发展过程。

网站:

"iRobot",网址:http://www.irobot.com. 从 2005 年 8 月 5 日起可在线访问。相关网页描述了艾罗伯特公司的产品与生产计划。

"机器人在线",网址:http://www.roboticsonline.com. 从 2005 年 9 月 25 日起可在线访问。网站由机器人工业协会赞助,主要包括一些新闻,并为消费者购买机器人提供指导。

5 探索型机器人

——丹娜·雪莉与火星漫游者

1997年,人类发明的第一个可移动的行星探索机器人第一次抵达火星的表面,跨越了被大量空气包围的领地。这种机器人名叫"旅居者",其体积比一个孩子玩的四轮马车还要小。但就是这样小的机器,却开创了探索与地球相邻的充满未解之谜的行星的新的时代。"旅居者"的设计成本低于好莱坞一部电影的制作成本,它不仅代表了机器人空间探索技术的新理念,也代表了一种创造性潮流。这种创造性也打破了困扰美国国家宇航局(NASA)多年的严格的官僚作风。

领导与制定复杂的行星探险计划的专家是丹娜·雪莉(Donna Shirley),她在一个传统的由男性主导的领域中尽着自己的努力,强大的传统势力也对她的持久力与创造力提出了更高的挑战。

对技术的热爱

1941年,丹娜·雪莉出生于俄克拉何马州温涅伍德(Wynnewood)的一个小镇中。她的父亲是镇上的医生,母亲是一个著名的部长的女儿。雪莉和她的妹妹玛戈从小就接受了严格的礼仪训练,这对小姑娘来说真是一件苦差事。在她的自传《火星计划》中,雪莉回忆了自己的童年时光:

"那时候,我发现与别的小女孩交朋友成了一件十分困难的事情,我对娃娃、穿衣游戏与护士游戏之类完全不感兴趣……我喜欢玩的是牛仔或是侦探游戏,但很少有男孩子愿意跟女孩一

起玩这些。”

雪莉从小就爱读那些描写飞机与飞行历险的书，一边读一边还想象着自己化身为丛林战士，在澳大利亚内陆地区转移“飞行医生”。当她长到 10 岁的时候，在一次毕业典礼中读到了一本关于“飞行技术”的书。当她不解地问大人书名的含义时，大人回答她说是关于“飞机制造”方面的，于是她立刻悟到那就是她想看的书，书中所写的就是她想做的事。

那个时候，雪莉还对空间探险入了迷，特别是对科幻作家克拉克的小说《火星沙地》(The Sands of Mars)中所描写的历险故事。雪莉对空间动力学的兴趣与其智力水准一样，是与生俱来的。她无比渴望能够自由地在天空中飞翔。16 岁那年，她尝试到初次飞行的乐趣——那是一种由小型的 65 马力的引擎驱动的人造翼训练器。这时候的她，已经为单独出行做好了充分的准备。

声名鹊起

高中毕业后，雪莉进入俄克拉何马州立大学学习。入校的时候，她告诉别人自己想参与工程计划，遭到了人们的反对。在后来的自传中，她也回忆了当时别人对她的冷嘲热讽：“女子是不能当工程师的。”当她排除了困难，进入到她并不熟悉的工程技术专业之后，雪莉不得不努力学习，争取第一年通过考试。终于，她找到自己感兴趣的航空搜索技术专业，及时转变了方向，并在 1963 年毕业，拿到了技术写作的等级证书。

在人类的第一台移动型空间探测机器人“旅居者”的发明中，丹娜·雪莉全力担当重任。在她的努力下，“旅居者”在 1997 年终于成功登陆火星表面。

丹娜毕业后，进入密西西比的圣·路易斯的麦克唐纳航空公司撰写说明书。在周围全是男员工的环境下，她受到了严重的性别歧视，甚至性骚扰。她决心重返俄克拉何马大学读书，1965 年她获得了空间技术与机械制造技术的学士学位证书。毕业之后她重返麦克唐纳公司工作，这回她的身份是气体力学工程师。

1966年，雪莉参观了位于加利福尼亚帕萨德那的"喷气动力"实验室，它的主要职责是发明具有革命性意义的动力系统与装置，从而推动美国提早跨入空间时代。20世纪60年代后期的1968年，雪莉从南加利福尼亚大学毕业，拿到了空间技术硕士学位，终于有机会参与到空间探测装置的设计中，这一发明就是后来的"火星探险者"。

70年代前期，雪莉成为相关领域的专家，接着主持了"水手10号"计划，这一计划后来成功地将金星与水星之间的第一个详细的高清晰的图像发了回来。挑战节节增加，荣誉也纷至沓来，雪莉逐渐挑起了复杂工程的大梁，而制造具有革新意义的机器的愿望也越来越强烈。她同时还被任命为自己所在团队的媒体发言人，负责带领大众进入复杂的空间科学世界，将枯燥无趣的知识讲述得生动活泼，为人们所接受。由于她在方方面面的出色表现，美国宇航局授予她卓越成就奖。

1979年，雪莉成为科学计划的真正执行者。上级推举她组织设计前往土星的计划。这就是后来的卡西尼·胡根斯(Cassini - Huygens)计划，这一计划始于1997年，旨在探测土星及其卫星"Titan"。与此同时，雪莉还在为另一个计划工作，那就是为军用卫星设计更好的电脑系统，并设计一个可视空间站。

发明空间机器人

在这段时期，雪莉对机器人技术及其在空间探测中的运用大为感兴趣。空间应用对机器人提出了特殊的要求。空间环境的恶劣程度超出人们的想象：温度从几百度(在太阳直射的情况下)降到零度左右(在被遮挡的情况下)。突如其来的暴风雪、电荷粒子与辐射也会对太空船提出严峻的考验，而且它们在阳光下会变得更猛烈。地球上有了大气的保护，生物与机器就不会受这些因素的影响，但太空船中用到的物质与空间机器人必须经过严格的挑选，并接受极严格的训练，才能在太空恶劣的环境中生存下来。

空间探测器离开地面时，要承受得住发射所产生的震动，并能够在数亿英里的距离中生存下来。探测器抵达行星表面的时候，也必须承受一定的震动力。尽管一些看起来多余的设备(如拷贝与后援系统的发展)也会在太空船的设计中加入进来，它也只能行进有限的距离。重量就是它最主要的限制：每增加一磅或一千克，发射火箭就得大一号。另一个相关的限制就是经费——在现代科技领域，美国国家宇航局提供的资金比起20世纪60年代成功发射“阿波罗号”飞船，已经剧减了许多。

雪莉所率领的团队中的专家们都不得不面临两难的抉择。举个例子，飞船能够承受足够的重量吗？它们是不是也负担得起作为支持系统的无线发射器呢？如果主发射器失灵了，第二个发射器能不能及时跟上，保证空间探测器至少发回一部分预定的摄录图像与设备读取呢？或者，资金支持与合理的探测器体重限制能够提高着陆系统的功能（提高安全着陆的几率），或者允许一个行星漫游者运载额外的科学设备？

作为一个工程师与这一空间探测系统的设计者，雪莉对这种交替使用的需求了明于心。但随着她身上职责的加重，将经验丰富、头脑敏锐的科学家与工程技术人员组成一个团队，合作无间也成为一大挑战。每一个空间探测器、着陆设备与漫游者都代表着很高的技术含量，都意味着设计这些装置的人们花费了数年心血，劳心劳力地为它们能够上天作着准备。理论科学家们往往期望最大的惊喜、最优的可能，总想看得更高，走得更远。从另一个角度讲，工程技术人员都想让自己设计的系统尽量地可靠。他们知道自己与实验室的研究者们不同——一旦计划启动，他们就不再有机会查漏补缺。所以，机会只有一次。

相关链接：　　为何他们不在这里？

当空间机器人进入太阳系甚至更远星系中的时候，我们是不是在心中许下这样的愿望——如果它们能与来自其他星球的空间机器人相遇，那该多好啊！

自20世纪中期以来，科学家与科幻小说作家都想象着宇宙中具有更高智慧、文明的生物存在的可能。宇宙智能研究中心（SETI）曾经试图探测这类生物发出的无线信号，但到目前无止，还没有出现明确的证据能够证明它们的存在。

那么，在银河系中，人类是不是真正有其他的伙伴呢？对这个问题，无线电天文学家弗兰克·德雷克（Frank Drake）给出的答案是：将各种可能出现的情况（诸如有适合人类居住的恒星或是像地球一样的行星等等）制成一个等式，从等式中可以看出，在银河系中，成千上万的高智能生物还是有可能存在的。但这就出现了“费米悖论”(Fermi paradox),后者是由著名的核物理学家埃里克·费米(Enrico Fermi)提出来的,他说:“如果确实有外星人存在,为什么他们不来拜会我们呢?”

通常给出的一种解释是:由于恒星与恒星之间的距离过于遥远,即使有更高级的文明存在,他们即使耗尽所有的资源也发射不了到达相邻恒星的飞船;或者他们的飞船支撑不了多远——或者,他们不认为此举大有必要。

制造那些更高级的、能够自我复制的机器人,在某种程度上改变了上面的等式。如果这种机器人能够发掘出自己所需要的能源,建造它们自己的恒星飞船,从一个星系飞越到另一个星系的话,那么据有关数据表明,这样的一个机器人“群组”能够在几十万年间,足迹踏遍我们所在的星系。空间机器人不是已经拜访过人类么,同样它们也能拜访其他可能的物种与文明。

当然,这样的思索还只能停留在设想阶段,对我们来说,有着许许多多的不确定性。也许那些机器人曾在数千万年前来过地球,发现地球并不如它们想象中的好玩,于是又离开了。也许根本就没有机器人,因为一个高度文明的机器社会大概已经制造出真正有血有肉的机器人。如果古生物学家皮特·沃德(Peter Ward)与天文学家唐纳德·布朗黎(Donald Brownlee)在他们所著的《稀罕的地球》(Rare Earth,2000)一书中所说的是真的话,那么高级智能生物在宇宙中确实是极为罕见的。那么制造出最终将探索足迹遍及整个银河系的机器人的任务,便落到了人类头上。

火星任务

火星是一个红色的行星,当人们抬头仰观天空的时候,人们总会在脑海里想到它。大约在一个世纪之前,天文学家乔瓦尼·斯基亚帕雷利(Giovanni Schiaparelli)与珀西瓦·娄威尔(Percival Lowell)曾经认为他们看到了火星表面更高级的生物留下的运河等等。科幻小说作家诸如阿瑟·克拉克(Arthur Clarke)、雷·布拉德贝里(Ray Bradbury)与吉姆·斯坦利·罗宾逊(Kim Stanley Robinson)也构想过未来人类在火星上进行探险与统治的场景。

自从人类研究出了如何克服地球的自身重力,发射宇宙飞船之后,火星(在月球之后)便成了人类的探索目标。20世纪60年代,美国与苏联的许多探测装置都未能抵达这一红色星球(即使抵达了,也是一片沉默),直到1969年,美国发射的"水手6号"与"水手7号"两个宇宙飞船成功抵达火星,并从火星表面发回历史上第一张极为清晰的照片。

"水手9号"

1968年,雪莉从加利福尼亚大学毕业,同时取得太空工程技术的硕士学位。接着她开始在加利福尼亚帕萨德纳的"喷气动力"实验室开始新的工作。在那里她度过了自己的大部分职业生涯。一开始,她的工作是分析宇宙飞船在太阳系中航行时经过的复杂的轨道,或者说路线。这项工作极为困难,因为宇宙飞船不像汽车或是飞机,在设计路线的时候不能像从地球到火星那样,或多或少地走直径。

轨道的设计之所以必要,不仅仅因为需要带领宇宙飞船从一个行星转移到另一个,它对克服太阳、月亮与其他行星的重力因素也同样重要。甚至是阳光对飞船造成的压力也同样得考虑在内,因为只要有一点点不甚精确的估量,飞船就会离开既定的任务,失去探测的目标。

因为能源缺乏,一些长距离的空间任务会利用行星本身的重力(诸如金星)去计算宇宙飞船到另一个行星间的路径(诸如"水手10号"与水星之间的路径)。既然行星并不都是浑圆的,它们的重力区域也呈不规则状态,那些凸出来的区域也会遵循"弹弓效应",而必须被考虑到。在自传中,雪莉描述了当时的整个过程,用她的话来说,就像"往5 000 000万英里之外传送一根针"似的。

尽管雪莉所做的工作更合那些理论背景更深的、对数学更为偏好的科学家的心意,雪莉很快便对假想任务的轨道设计工作产生了厌倦情绪,更何况这一工作也没有资金支持,难以为继。1973年,雪莉获得了在"水手号金星—火星"计划中担任分析师的职务,她的第一职责就是确定飞船的发射日期。在每一次行星间的旅行中,出于有关行星位置与可获得的能源的考虑,在时间上都有所限定,这叫做"发射窗",在这个范围中,每一次发射都是切实可行的。雪莉必须在"发射窗"中选择一个时间,保证"水手号”飞船所做的许多不同的实验都在为最后的飞行作积极的准备。这一计划也引发了7位主要研究者(负责实验主体的人员)之间的矛盾冲突。举个例子,有研究人员出于摄影的考虑,希望飞船能够沿着水星受阳光照耀的一边飞行,而另一部分人则更关心电荷粒子与磁力区域,他们希望飞船从黑暗的那一边行进,这样一来,来自太阳附近的干涉便降低到最低程度了。雪莉的协调天分此时充分地发挥出来,折中方案中体现的中庸思想也是一个明证。

探险计划

在决定空间计划内部孰先孰后,化解矛盾冲突的过程中,雪莉充分运用到她出色的人际交往能力。既然不同的科学家共同使用着一种语言——数学,雪莉设计出一道简单的方程式,与之相关的是种种不同的看法。接着她便请各位科学家给出各个方案(例如从便于摄像的角度)的“价值最优化”,完全是用数字说话。雪莉在化解冲突方面的高超技巧给她的上司留下深刻的印象,她很快便晋升为发射工程师。

另一个令雪莉着迷的地方在于,完成这些工作就意味着风险的共存,而考虑到风险也同样带有挑战的乐趣。空间飞行本身就是个充满未知的风险的过程,当然,不同的人对风险所持有的态度随着他们的情感立场而变化。研究人员常常渴望从实验中学到尽可能多的东西,尽管这对任务的其他方面并无有利之处。作为对局部任务负有责任的专家人员,任何可能会给工作造成不必要压力的风险都是应当及时规避的。

甚至,选择发射时间也存在着风险。如果“发射窗”有4周那么长,那么确定其中两周的发射时间,则需要考虑到是否能为最后的发射做好充分的准备——它同时也带来了风险,只要有一小块出了错,接着在“发射窗”的周期内,很难有足够的时间来修正它。

1973年11月3日,“水手10号”成功发射上天。接着,当它在11月份抵达在金星上第一块集结地时,接下来发生的故障把一切都搞砸了。恒星追踪器本来是用来保证老人星与导航提示系统排列在一条直线上的,但飞船上的追踪器却转而追踪飞船上脱落的炽热的漆片。原来用来保持飞船平稳的陀螺仪也同时失效。

当雪莉向人们提出种种建议,并在保持不同意见的人们内部进行斡旋、沟通的时候,导航控制团队也不得不估算出,在无法返回甚至失去控

未来趋势： 美国宇航局组织的火星探测计划中的里程碑

人类对火星的探测历史已超过40年了。下面一张表格总结其中几次著名的成功之旅。

年份	宇宙飞船	完成任务
1964	水手4号	小型空间探测系统沿着长长的轨道，前往金星、火星与水星。并从火星上摄制了第一张特写镜头
1969	水手6号与水手7号	火星飞越计划发回了许多图片以及与大气有关的数据
1971	水手9号	探测器第一个沿着火星旋转，而不是像以前那样简单地飞行。从摄取的图像上，可以看到许多壮丽的景观，包括巨大的火山与峡谷
1975	海盗1号与海盗2号	宇宙飞船第一次成功地在另一个星球着陆(1976年7月)。着陆后，采集土样进行分析，观测是否有生命存在的迹象
1996	探险者	第一个漫游型探测器（"旅居者"）在火星上着陆(1997)。降落时第一次用到降落伞与安全气袋。除了摄制照片之外，漫游者还收集了一些岩石，借助分光镜对其进行分析
2003	火星探测漫游者	"精神"号与"机遇号"漫游者跨越了空前遥远的距离，并在使用期限之外，延长了两年生命
2006	火星侦察盘旋者	为了顺利到达火星，火星侦察盘旋者在进行科学操作之前，花了6个月的时间调整自己的航道

火星探测历史的长河中不仅仅有欢笑，同样布满了创痛的回忆。苏联研制的一些探测系统在整个20世纪60年代与70年代前期都连续遭遇滑铁卢，美国宇航局的两次"水手号"发送任务同样发送失败。1999年发射的"火星极地登陆者"与地球失去了联系，1998年发射的"火星气候盘旋者"抵挡不住行星上大气的压力，瞬间化作灰烬。雄心勃勃的俄罗斯96号火星飞船计划同样出师未捷。

制的时候,宇宙飞船将如何操作。更糟糕的是,主动力系统也失灵了。面对这些复杂的情况,科学家们不得不放出足够的气体——它们的最初用途是控制飞船的纬度或是角度。

最终,“水手号”飞船设计团队拿出了一个方案。鉴于飞船拥有两个大型的可移动的太阳能源面板,他们决非将这些面板作为启航工具,利用来自太阳光子的“风力”,将飞船转到合适的角度。这项操作必须非常细心,一旦转向的幅度过大,自动纬度控制系统将会点燃喷气口,进而消耗掉仅剩的一点能源。在这个操作过程中,需要将极为精确的命令下达给飞船上的计算机,它将处理数据的一小部分字节,而非储存它们。

尽管困难重重,“水手 10 号”还是艰难地获得了成功,环绕在金星周围,拍摄了大量照片,读取了不少数据。大约一个月之后,三步水星穿越计划中的第一步也实现了,从这个被太阳烤得灼热的小行星上拍下来许多清晰的图片,采集到了大量的数据。这一计划总共花掉 9800 万美元,是至今以来耗费最少的行星探测任务。这一切都预示着在不远的将来,还有更大的惊喜等着我们。

更好、更快、更低耗费

与此同时,火星探测计划也逐渐提上日程,水手号飞船的成功发射大大地提高了科学家们的兴趣,他们渴求对行星的地质历史有更多的了解,并进一步考察是否有生命存在过的迹象。1976 年,美国宇航局发出的两只“海盗船”成为在火星表面坚持探险的第一家空间探索飞船。除了相关盘旋体与登陆者们拍摄了高质量的照片之外,登陆者还采集并测试了一些土壤样本,从其中的化学物质来看,火星上可能确实存在着生命。(当然,这个问题还未有定论。)

在出色地完成任务的同时,“海盗号”的造价十分昂贵,能力也十分有限,因为它不具备环绕火星表层飞行的能力。总体说来,美国宇航局只会在十年左右组织一两次造价昂贵的行星探测任务。因为把所有的鸡蛋都放在一两个篮子里,一次通信系统或是着陆系统的失败就意味着数以亿计的美元打了水漂,研究人员的数年心血也付之东流。举个例子,1992 年 9 月发射的“火星观察者”被打造成一个配备了各种装置,力图完成雄心壮志的盘旋实验的飞船,旨在探测火星上的气候与地质环境。1993 年

8月，当“火星观察者”进入到火星环绕程序之后，即与地面人员失去了联系。

既然美国宇航局空间探险组织对飞船发射的支持如此有限，新上任的执行官丹尼尔·哥丁(Daniel Goldin)开始着力撼动太过官僚的行政体制。他提出一个“更好、更快、更低耗费”的口号，意思是说，在新组织的飞船任务中，设计者们必须运用他们的智慧，考虑到如何花更少的钱，制造体积更小的宇宙探测装置。这也意味着发射的频率提高了——以火星为例，这一举措将“发射窗”的周期提高到每两年一次。

雪莉之前参与的火星漫游者计划设计出的飞船体积较大，重达一吨，耗费了100亿美元的成本。但是现在，她又被邀请加入到新的小型漫游器的开发中去，这种漫游器与机器人技术行业的一些具有革新意义的设计相仿——机器是足够小的，“更好、更快、更低耗费”的理念也在它身上得到了很好的展现。

机器人与漫游者

机器人制作的一大难题是，在帮助穿越各种复杂环境的导航系统出故障时，机器人能否进行自救。现在，我们将机器人放置在另一个行星上，在那儿它没有任何机会与人进行电话交流。由于无线电的传输速度只能与光速齐平，因此，即使是给它送达一份简单的命令，也比在地球上困难得多。在火星上的相关计划中，每个信号从输送到接收，平均需要10分钟的时间，此外还要考虑到地球与火星在各自的轨道上移动时，它们之间的距离也在发生着变化。

出于信号延滞的问题，一个火星漫游者不能够像地球上的远程玩具汽车那样，轻易受人控制。设想一下，如果在漫游者的路径前方，突然出现一块巨石或是一个深坑的话，这一紧急情况要经过10分钟的时间才能被地球上的人所知道，而当地球人的研究人员发出类似“调转30°”的指令后，它也要再等10分钟才收到。等到信息回馈过来的时候，漫游者也许已经被撞成粉齑了，或者早已成为活化石了。

这就意味着，身为行星漫游者，必须懂得自我判断与自我控制，在不同的环境下能够自主做出决定。对像“旅居者”这样的漫游者来说，每一项任务都是在操控者发送详细的指令的基础上才完成的，这些指令包括漫游者的移动定位问题(诸如岩石之类)。漫游者在接收到指令之后，运

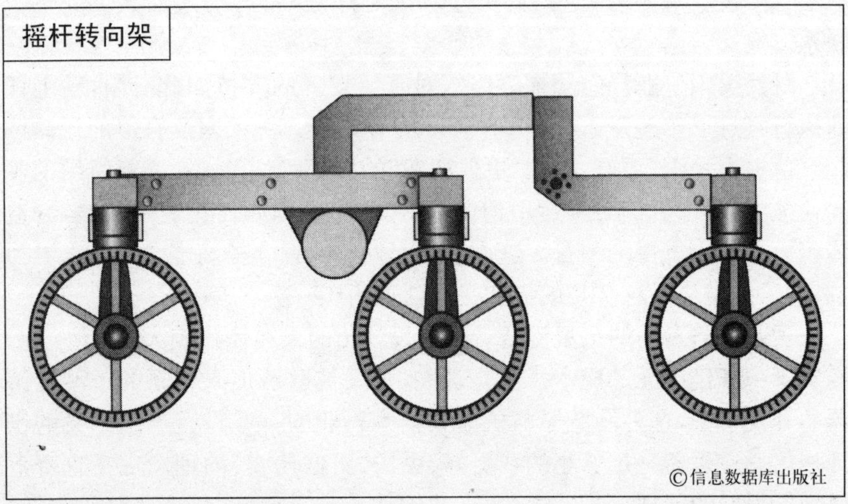

“喷气动力”实验室发明的火星漫游者中，装有“摇杆转向架”负载系统，在遇到一定尺寸范围内的障碍物时，轮子可以灵活地移动。

用相机与激光系统摄取障碍物周围的情况。（如果有先进的定位系统，漫游者的轮子甚至能够“撼动”并倾斜至一定程度，打个滚就越过小型障碍物了，有了这一功能，遇险几率会大大降低。）

到 20 世纪 80 年代为止，“喷气动力”实验室的机器人研究与其他一些大学的相关实验室的成果表明，具备这种导航功能的机器人已经诞生了。当计算机处理功能变得越来越强大，所占体积越来越小时，在漫游机器人的头脑中加入更多的智慧也就成为可能。尽管如此，雪莉与团队的其他研究人员考虑再三之后，觉得将人工智能研究者的这种先锋理念用到行星漫游者的设计中去，还是颇为冒险的。在火星表面，只有控制人员与机器人之间建立良好的合作关系，才是最值得放心的。

除了具备导航功能，并能避免事故发生之外，漫游者上安装的软件板也会传送一些错误的指令，例如在失去与总部的无线电联系的情况下，如何处理得当；在与地球之间的信号传输发生延宕的情况下，是直接绕着火星运转，还是借助于人造卫星呢？

此外，漫游者上所有必备的计算机、控制系统与通信系统、太阳能与电池能源系统、定位系统，包括摄像机与其他科学仪器，加起来的总重量只有 23 磅(10.5 千克)——这个重量比许多狗都要轻！

“旅居者”探秘

除了计划与组织“火星探险者”任务与漫游能力的研究，雪莉还继续与公众建立起紧密的联系。在一次中型的会议上，她组织了一次为火星漫游者命名的讨论。获胜的一方是一个学生，他在文中给漫游者取名为“旅居者”(Sojourner)，这是为了纪念19世纪中期的美国营救黑奴运动中起了重大作用的美国妇女索约尼·图斯(Sojourner Truth)。“Sojourner”这个单词指的也是“经历过长长旅行的人”，这用在小型火星漫游者身上，也十分合适。

在外面旅行了7个月后，1997年的7月4日，“探测者”与“漫游者”回到地球。更确切地说，它已经经过一次毁损，弹出空气袋有15次之多，直到准确地停留在预设的目标上。漫游者从火星上传来第一张图片并不稀奇，稀奇的是接下来拍到漫游者从斜坡上驶下来，将轮子稳稳地固定在火星土壤中，这张照片才是令人无比兴奋的。

正如雪莉后来接受莎莉·理查德(Sally Richards)的访谈时所说的：

> *“我一生中最自豪的时刻首先是我女儿的诞生，次之则是‘漫游者’与‘旅居者’能够顺利工作。设想一下，它的时速是一小时1.7万英里，想不到的是能在另一个星球的土地上打个洞——那真是激动人心的一刻。”*

你很难想象，当丹娜·雪莉与她的同事第一眼看到这张照片的时候，会有多兴奋。照片显示，登陆者已经到达火星，减震的空气带也变小了。这张照片足以证明，“旅居者”在火星探测史上的成就已经载入史册。

“旅居者”在火星上的探险故事在因特网上引起了前所未有的关注，很快便成为轰动一时的大新闻。设计者原本希望漫游者能够在火星上待上 30 个“火星日”(又叫“索尔”)，但事实上“旅居者”足足待了 83 天。要不是电池能源的不足(这也是意料之内的)，使之与地球之间的通信受阻，它还能呆得更长。正如雪莉在自传中写到的，“旅居者”的设计初衷就是与地球保持紧密联系：

> *“索尔 87(‘旅居者’上的电脑)不但会命令她环绕目标飞行，还会提醒她时刻进行安全检查，随时接收信号。当我们通过*

火星探险漫游者

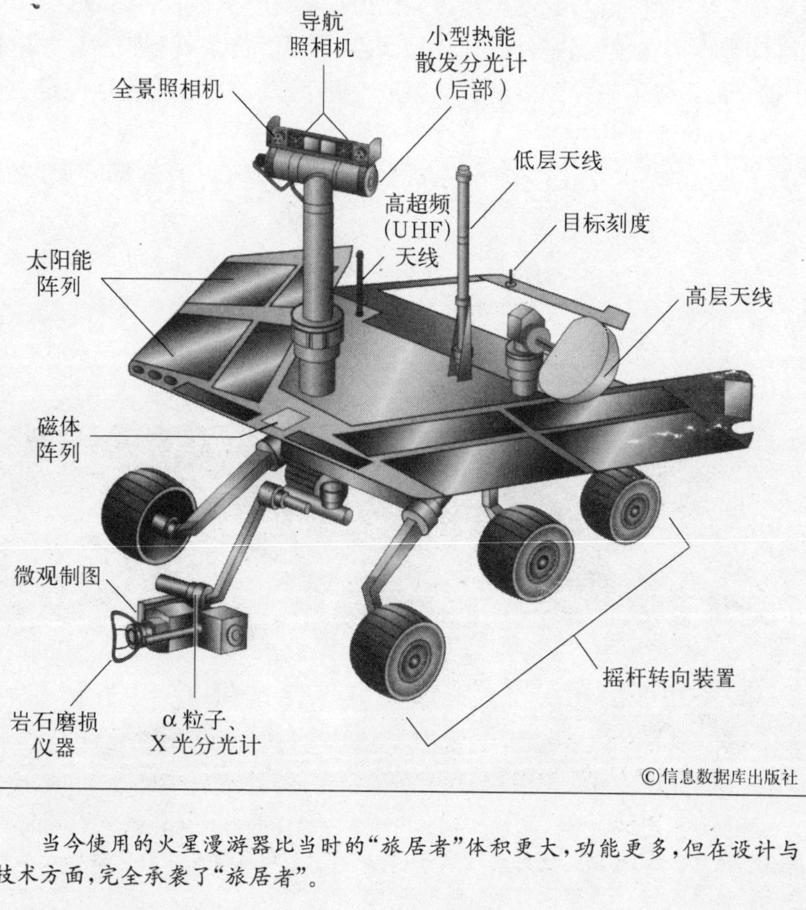

当今使用的火星漫游器比当时的“旅居者”体积更大，功能更多，但在设计与技术方面，完全承袭了“旅居者”。

图像看到小漫游者绕着登陆器忽动忽停，惶惶不安得好像一个走丢的小孩，一边还在问：'有人吗？有人吗？有人在听吗？'的时候，我们的心都揪紧了。"

2004年，"旅居者"的后代"精神号"（Spirit）与"机遇号"（Opportunity）在火星登陆。它们比起前辈来，体积更大，功能也更强大。当"旅居者"能够覆盖一整片足球场的面积时，新诞生的漫游者只要一天时间就能完成同样的面积。"精神号"与"机遇号"在火星上足足待了两年以上。无论怎么更新换代，它们及其后代的设计理念以及技术水准都要从雪莉与同事们研制的"旅居者"中取经。

争论焦点：　我们是否应该将人类与机器人送往外太空进行科学探险

许多太空计划的批评者们认为，人们在宇宙中的存在是个极罕见的例子，如果我们费心费力地去探究那些太阳系的秘密，最终会一无所获，同时也是资源的极大浪费。更有力的证据是，阿波罗登月计划并没有带来机器人专家所需的任何数据。造价昂贵的国际空间站与危险的、不稳定的空间所带来的科学效益也少得可怜。2006年，很多航天计划都陷入僵局之中，空间技术的未来也变得越来越不明朗。

在过去的几十年中，探险型机器人已经游遍了除了冥王星之外的太阳系的每一个行星。登陆者与漫游者们开始在火星上开展了一些其他的探险活动，"伽利略计划"与"卡西尼-胡根斯计划"等等已经对木星和土星这样的大型行星开始了探测活动，并在神秘的卫星"提坦"上登陆，甚至与它的彗星发生碰撞，观察在其表层之下有怎样的影响发生。（2006年1月，"星团"探测器将一小块彗星尘土带回地球。）

当人们在太空中遨游的时候，所有的能源配置都必须保证人类能够在其中生存下来，并且排除一切危险因素。环绕火星的旅途会花上几年时间，在这期间宇航员必须拥有足够的食物、水与空气，并远离宇宙中的放射性物质。长期的失重状态会对人体产生种种不良影响（例如人体肌肉会处于过度疲劳状态），这些还未被研究人员充分考虑到。而机器人却不需要空气、食物或是水。它们对放射性物质也同样具有免疫力，一些空间探测装置甚至在发射两年后正常工作，毫无倦怠感。

而那些支持人类前往宇宙进行探险活动的人们指出，无论机器如何聪明，人比起机器来，还是显得更强大。他们辩称，当人们不再对空间技术感兴趣的时候，空间计划的支持将会大幅度降低。最终结果将是，只有在只身前往外太空的时候，人类才会意识到他们是否能(或者说想要)在那儿生存下来。

21 世纪的第一个 10 年中，支持机器人的一方似乎占了上风。尽管方方面面都呼声强烈，没有人参与的火星计划仍然在进行中。或许一个世纪之后，我们的机器人会变得越来越高级，它们不再需要地球上的人提供过多的指令，而能自主独立地进行探险活动，并发回一大批有用的数据，这样人们也不需要踏上危险的未知旅程，就能亲身体会到来自另一个世界的真实。

开始新的职业征程

1998 年，雪莉离开喷气动力实验与火星计划，开始担任自由作家与研究顾问，这样她就能够回顾几十年来技术工程与科学计划的工作历程。同年，她的自传《管理火星人》(Managing Martians)出版，受到了读者的热烈欢迎。同时，她还写了一本叫《经营创造力》(Managing Creativity)的书。2003 年 1 月，雪莉被推举为西雅图科技小说改革委员会的主席。

除了受到美国宇航局的两次团体表彰之外，雪莉还受到了世界技术协会颁发的杰出女性奖。她还被《女性》杂志评为年度卓越女性，被《魅力》杂志评为“敢作敢为的女性”。抛开荣誉不谈，雪莉认为真正有价值的是能够抛开种种障碍，在科技领域达到个人生涯的顶峰。在美国宇航局网站上发表的访谈中，雪莉对年轻人提出了以下忠告：

> “最重要的一点就是要有超强的适应能力。一般说来你不会在同一个领域干一辈子。如果你有良好的技术教育背景，并愿意尽一生之力刻苦学习，那么就没问题了。尽量地享受你的

工作吧。”

生平年表

1941 年	丹娜·雪莉出生在俄克拉何马州的温涅伍德
1963 年	从俄克拉何马大学毕业，取得技术写作的资格证书；接着在位于圣路易斯的麦克唐纳航空公司工作
1965 年	回到俄克拉何马大学念书，并获得空间工程技术的学士学位
1966 年	开始在位于加利福尼亚帕萨德纳的喷气动力实验室工作
1968 年	在南加利福尼亚大学获得空间技术的硕士学位
1970 年	成为美国宇航局研制的“水手 10 号”火星—水星探险计划的分析师
1973 年	“水手 10 号”发射成功；雪莉成为计划的主要负责人，同时也担任该计划对外的发言人
1974 年	领导团队研究能源危机下的可替代能源开发
1979 年	成为另一个团队的负责人，这一团队也就是后来前往土星与“Titan”星的“卡西尼—胡根斯”计划的研究者
1980 年代	继续进行研究工作，并为载人空间站的开发作准备
1987 年	与她的团队开始设计机器人“火星人漫游者”
1990 年代前期	美国宇航局在制定空间计划时接受了“更好、更快、更低耗费”的口号
1992 年	成为“旅居者”——火星漫游计划团队的主要设计人员
1994 年	成为喷气动力实验室“火星探险计划”的领队
1997 年	7 月，“旅居者”成功地完成了火星探险任务 成为“经营创造力”的总裁，这是一家进行专业团队训练的咨询公司

1998 年	从火星探测部门退休，出版了自传《管理火星人》
2003 年	当选为西雅图科技小说改革委员会的主席 美国宇航局火星探测计划又发射了“精神号”与“机遇号”火星漫游者

扩展阅读

图书：

安德鲁·马士金，《旅居者：火星探险计划揭秘》，纽约：伯克莱出版社，2003 年。书中对该计划的实施情况有着生动的介绍，并解释了这一团队如何应对无数的技术问题与管理矛盾。

丹娜·雪莉，《管理火星人》，纽约：大路书局，1999 年。本书系雪莉撰写的个人回忆录，回顾了 1997 年“旅居者”所完成的巅峰任务。

文章：

杰夫·福斯特，《人类空间探险原理探析》，《空间评论》杂志，2004 年 2 月 9 日。网址：http://www.thespacereview.com/article/98/1. 2005 年 9 月 11 日起可在线阅读。文中揭示了两方科学家的冲突，一方是以物理学教授罗伯特·帕克为代表的，支持机器人空间探测技术；另一方是以火星协会的创始人罗伯特·左宾为代表的，支持人类空间探险。

莎莉·理查德，《管理火星人》(国际技术协会杰出女性奖)，网址：http://www.witi.com/wire/feature/dshirley.shtml. 2005 年 9 月 1 日起可在线阅读。雪莉在访谈中，提及她自己为女性在科技领域担当重任所做的努力，以及所面临的挑战。

丹娜·雪莉，《丹娜·雪莉》，美国宇航局存档文件。可在线阅读。网址：http://quest.arc.nasa.gov/people/bios/women/dshirl.html. 2005 年 9 月 3 日起可在线访问。文中雪莉回顾了她在 1996 年的火星计划中的工作，并阐释了她对机遇与成功的个人理解。

网站：

“生物计划”。网址：http://www.managingcreativity.com. 自 2005 年 9 月 10 日起可在线访问。站点中有雪莉的一些相关咨询与训练建议，旨在为准备生产高端产品的团队提供更好的、更有效率的发展规划，她的电子书中出现的一些专家也包含其中。

“美国宇航局火星探测计划”。网址：http://mars.jpl.nasa.gov. 自 2005 年 8 月 10 日

起可在线访问。网站介绍了历史上一些著名的探险计划，并扫描了当前的计划概览，对未来计划进行了大胆预测。站点中还包括一些有趣的图像与录音。

“国际技术领域中的女性”。网址：http://www.witi.com. 自 2005 年 9 月 11 日起可在线访问。为在科学技术领域中的从业女性提供职业规划与建议。

6

会思考的机器人

——罗德尼·布鲁克斯与考格

人们似乎还未见过真正的机器人。机器人给人们的最深印象是它有一双大大的、猫头鹰般的眼睛,滴溜溜地跟着你转。有一种叫"考格"(Cog)的机器人,看上去像婴儿一样,无论看到什么都忍不住模仿一下。除此之外,它还有一个地方跟婴儿很接近,那就是它说话时类似婴儿的发声,尽管它并不知道所说单词的确切含义。

机器人技术专家罗德尼·布鲁克斯(Rodney Brooks)是考格以及其他新型机器人的创建者。他的机器人设计理念在方方面面都引起了不小的反响,从家用真空吸尘机器人到火星探测器,都与其理念有关。当今,他作为麻省理工学院的人工智能实验室的首席科学家,将他的机器人制作技术进一步扩大化,在科学之外建立了一整套意义深远的哲学理论。这些理论在不断地询问着这样一个问题:"活着有什么不同?"

对电脑的热爱

1954年,罗德尼·布鲁克斯出生于澳大利亚的阿德莱德。在孩提时期,他就对电脑产生了浓厚的兴趣。但在整个城市里,只有一台放在办公楼里的IBM主机。他在见到父亲工作的防御实验室里的一台废弃的电子指令系统之后,就决心以后建立自己的有逻辑能力的电子机器。最终,他发明了一台无法与之抗衡的机器——只要这里的人能够不拘严苛的条条框框,允许把机器有效的几个转换器放在这里。

布鲁克斯偶然间读到了一本由格雷·沃特(Grey Walter)写的书,后者是20世纪40年代后期"电子龟"的发明者。读完之后，他开始想象着自己也发明一个这样的机器，一个能够循着光源前进、并能及时躲避障碍物的机器。他给它取名为"诺曼"。1968年，小布鲁克斯看了电影《2001：奥德赛之旅》，被片中的悲剧角色人工智能计算机HAL 9000给深深吸引住了。

麻省理工学院的罗德尼·布鲁克斯在机器人发明界是领军人物，他设计出了能够做出各种行为的、能与人类产生交流的不同水平、层次的机器人。

当时，澳大利亚大学还未设立电子计算机课程，布鲁克斯只得在澳大利亚南部的弗林德大学学习数学。在这期间，他有机会接触到了电脑，还为一项人工智能计划设计了一套电脑语言与发展系统。除此之外，布鲁克斯还尝试了各种各样的人工智能装置，其中有定理计算器、语言处理程序，甚至包括电脑游戏。

学习人工智能

20世纪70年代，澳大利亚的大学中没有计算机科学的相关课程的设置，这令求知若渴的布鲁克斯感觉十分沮丧。不过很快他便发现，美国一所大学正在招收研究助手——这样，他便在1977年，进入加利福尼亚帕罗艾托的斯坦福大学进行相关研究。

布鲁克斯是非常幸运的。到了20世纪70年代，斯坦福大学正在逐渐成为世界顶尖的人工智能研究中心。在那里他也同时为拿到计算机科学的博士学位而努力。1981年，布鲁克斯受到一项表彰，并从而见到了约翰·麦卡斯(John McCarthy)，后者是斯坦福人工智能实验室(SAIL)的元老级人物。在校期间，他还加入了一项先锋计划，计划的牵头人之一是汉斯·莫拉维克(Hans Moravec)，他曾经修好了一个叫"斯坦福卡车"的会打滚的机器人，并教会它避开障碍物前进。

1984年，布鲁克斯转往麻省理工学院工作。像斯坦福一样，麻省理工学院也是人工智能研究与机器人技术的发展中心。在那里，他度过了

20 多年的研究时光，开始有更多的时间思考如何通过各种途径开发人工智能。

可视型机器人的挑战

在他的博士学习研究计划中，布鲁克斯决心解决人工智能界中的一个最困难的问题——设计一种能够在三维空间中识别并“理解”目标物的系统。首先，布鲁克斯与其他同学需要开发一个机器人底盘，借助它计算照相机与其他齿轮装置等等。幸运的是，一个名叫格里尼·墨尔(Grinnell Moore)的高中生与他的两个伙伴已经开始着手制造一个简单的易操控的机器人“维克特罗伯特”(Vectrobot)。布鲁克斯不但购买了他们的这一设计，还将墨尔招至麾下，成为他的非正式研究助手。

他们给这种机器人装上了声波定位仪(来自照相机中的测距仪)，外加两台照相机。机器人的外表呈圆柱形，规格为 R2D2。当时还处于 20 世纪 80 年代，找不到任何能够驱动人工智能软件的小型计算机，因此只能通过电缆将机器人与后来的功能强大的小型电脑连接起来。

电脑的可视度如此之差，原因在于固定物体只要一出现，就会迅速地移动，视觉角度发生变化。作为一个人，分辨垂直放立的镜子与其中出现的镜子是同一个物体，并无太大难度。而电脑则不一样，它必须通过复杂的数学运算来计算出物体及其相关位置。这些计算是极为繁复冗长的，就像斯坦福大学 20 世纪 60 年代发明的机器人“夏克”一样，常常会“想”上数个小时，才能够将屋子里的障碍物清除掉。绘制或者更新电脑图像或是陈述常常需要这么长的时间，确实也很不方便，看来机器人需要更成功的导航系统。

布鲁克斯开始想到，在机器人可视系统与导航系统中，纯粹依靠加强电脑运算提高水平，只能走进一条死胡同。不论怎样，就像他在一次“关于核心问题”的演讲中所说：

> *“我们已经有了一套复杂的数学运算方法，但它对那些长着翅膀的动物并不适合。拿昆虫来说，它拥有成千上万的神经细胞，因此能够四处飞，不受障碍物的限制。但这对那些极复杂的、却是象征性的数学计算来说并不同样适用。要让它们像昆*

虫一样，还得想想别的办法。”

在去泰国的妻子家拜访时，布鲁克斯发现自己有了大把的时间。他开始考虑人类大脑是如何吸收感官传送而来的数据的。一个“典型的”人工智能机器人在源源不断的数据的基础上，建立一个“世界模型”，接着再计划下一步骤如何进行。

但生命的进化却不是这样发生的。最简单的生物体必须经过一条能够迅速与周围联系的发展道路。例如对阴影、振动或是一次自然界的寻常的行为的感受。能与周围建立联系生物体将生存下来，并繁殖后代，将这种神经系统的基因蓝图延续到下一代。

布鲁克斯意识到，有机体的进化是一个非常复杂的过程，每一次都不可复制。一只老鼠一旦看到一个锐利的影像，它的眼镜会完全被改变。同样的，新的连接(及其处理过程)将会被加入到现有的结构中。老鼠的眼睛将会对移动的物体看得比过去更清楚，这样才有机会更好地生存下去，繁衍后代。

“无脑型”机器人

布鲁克斯决定对自己的机器人(也就是现在所说的艾伦)进行电线重组。他不再将它和能够绘制环境示意图的电脑连接在一起，而是重新建立了“三层”电路，以此来控制机器的行为。最低一层是为了避开障碍物：如果一台声波定位仪发出信号，告诉机器人它与障碍物之间的距离太近了，机器人将会及时改变方向，避免摔倒。第二层建立了一条随机路径，来让机器人自由地对周围环境进行“探险”(当然，如果机器人距离障碍太近的话，第一层会使之后退)。第三层则是用来识别特殊的“有趣的”目标物。一旦找到了一个，机器人将会径直向那个方向移动过去。

每一层电路，或是每一次行为都比传统的人工智能机器人所进行的复杂的电脑运算与制图简单得多。除此之外，3层电路之间的配合也是非常有趣的。它们的合作使得机器人能够完成对一个房间的探险工作，不需固定，也不需替它移走障碍物，而且看起来，它探险还很“认真”呢！

1985年10月，布鲁克斯在一次国际性的机器人技术研究座谈会上

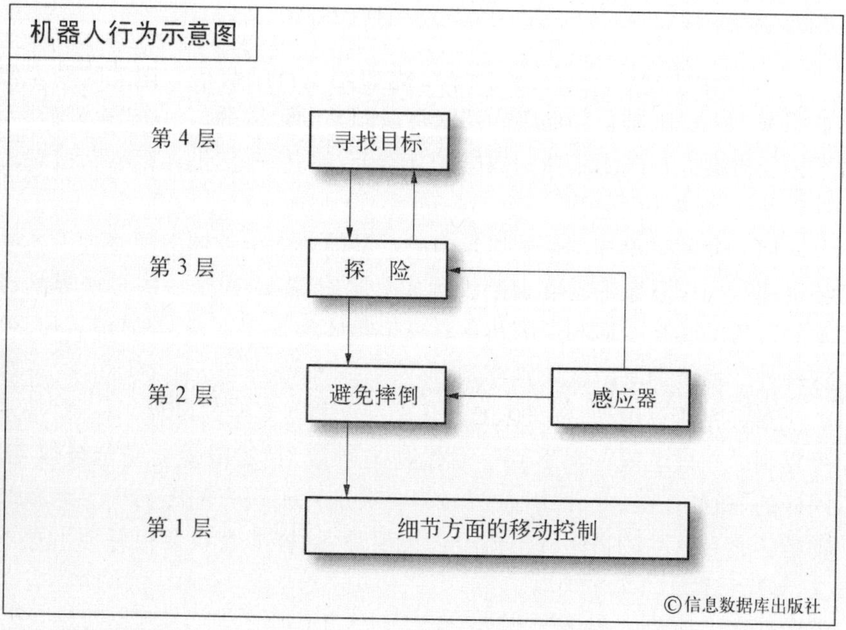

在机器人行为示意图的不同层次中，一些复杂的行为（例如寻找目标或是探险活动）都建立在简单的行为的基础上（例如基本的定位能力与避免摔跤的能力等等）。

展示了他设计的机器人。这次会议上来了许多世界顶尖的机器人设计专家。布鲁克斯的机器人“艾伦”（Allen）不但有着机敏的导航系统，还具备超强的探测能力。当他们意识到“艾伦”没有“认知箱”时——也就是说，在艾伦的大脑中没有传统的感应装置——许多观看的研究人员都非常诧异。（在《人体与机器》一书中，布鲁克斯回忆起当时两个科学家还窃窃私语说：“这个年轻人怎么会设计出这样一个东西，把自己的前途都毁了？”）科学家们往往会穷尽一生的时间设计机器人，让它们看起来更聪明，却往往不清楚它们的行为之所以看起来神秘，完全是因为背后有简单的电路与子程序控制着。

从某种程度上说，布鲁克斯的机器人标志着人工智能（AI）与人工生命（AL）之间的鸿沟拉大了。研究人工智能的学者们将目光集中于认知能力（推理能力）的模拟物，但人工生命的研究者们则重点构建感觉与反应的不同层次，就像在神经系统中发现的那样。而智能行为并不像有机体那样，在各成分相互关联的同时释放出足够的能量。

相关发明：　　人工生命与人工智能

人工智能领域的产生要归功于阿兰·图伦(Alan Turing,1912—1954)的开创性工作。图伦是一名数学家与计算机科学的先锋人物，当电脑还处于婴幼儿状态的时候，他就无比超前地思考出了它们将具有的终极功能。1950年，图伦发起了著名的“图伦实验”。实验证明，如果电脑的对话输出在一个可控制的情况下，并不能区别于人的对话，那么这台电脑就是具有人工智能的。

1956年，在达特茅斯大学举办的一次会议上，参会人员提出了人工智能的目标及其核心问题。它所引起的争论直到现在也仍然是业界的焦点。早期的研究专家诸如马尔文·敏斯基(Marvin Minsky,1927—　)与约翰·麦卡斯(John McCarthy,1927—　)都将主要精力放在人工推理与问题解决能力的发展之上，同时也在寻求将知识编码的途径，这样它们便能自由传输，灵活运用。

另一种研究则是通过自下至上的途径，从简单的关联中产生复杂的行为模式。最早的一个例子就是神经细胞的工作(敏斯基也受此启发，并作了改进)，就像有机体的神经系统原理一样，网络中的计算机处理元件的排列也与之相似。当系统碰到一个问题(诸如需要识别一幅图像时)，这些元件就会作出恰当的反应，通过排列组合，功能变得更加强大。这一过程也“训练”了系统更有效率地完成任务。当今的神经网络系统通过各种方式进行工作，包括图像处理、机器人导航、语言辨听，甚至使用安全屏蔽。

人工生命领域扩大了自然生命的处理过程的模式范围，使其能够模仿有机体的自我繁殖与自我进化。早期的一个例子是约翰·孔维(John Conway)设计的“生命游戏”，这是一种“细胞自动控制”的形式之一，其过程是将一系列简单的原理应用到每一个元素中去，并最终形成可操作的模式。研究人员利用这一原理进行了许多有趣的实验，例如使机器人模仿一群鸟的行为模式。

人工生命的另一个重要推动力是基因程序。这种程序需要经过考验，看看它们是不是能够顺利完成任务(例如分类、拣选等)。结果以优胜劣汰的形式出现，成功的程序能够复制自己的代码，而失败的则将从此销声匿迹。与神经细胞的工作一样，基因的运算法则也遵循着“自下而上”的规律。

大部分人工生命基本上由计算机内的模拟软件组成。不过，许多机器人技术的研究者们，例如斯坦福人工智能实验室(SAIL)的汉斯·莫拉维克，制造出了机器人“群组”，它们都能够做简单的动作，就像细胞自动控制那样，结果却能聚合成一种复杂的内在关联的整体。有些研究者甚至通过基因模拟的制作过程，设计出能够完成一代一代进化的机器人。

机器昆虫

到1988年为止，布鲁克斯与他的研究团队已经设计出了各种各样的机器人。其中的一个名叫“赫伯特”(Herbert)，能够寻找并收集空的苏打罐，这恐怕在任何一所大学中，都是很适用的。与“艾伦”不同，赫伯特身上具备所有的电脑控制装置，比前者更具能动力。除此之外，它还能控制自己手臂的运动，捡起指定的罐子。这些都说明，它比以前的机器人更能干，做的事情更多。

科技发展到当前，几乎所有的机器人都能通过滚轮前进——没有一个是像动物一样爬行的。麻省理工学院的同事马克·莱伯特已经设计出了一些能走能跳的机器人，但布鲁克斯还在寻求一种不同的、精力更充沛的移动型机器人。有一回，布鲁克斯看到了一个昆虫题材的录像，画面中的昆虫在不平整的地面上也能迅速移动。布鲁克斯还注意到，时不时地，它们也会打个趔趄，但它们都能很快地调整好平衡，继续前进。

在与格里尼·墨与新同事科林·安格的共同合作中，布鲁克斯开始渐渐发明出一种貌似昆虫的机器人“耿赫斯”(Genghis)。在《人体与机器》一书中，布鲁克斯说：

“一直到现在为止，耿赫斯还是我最满意的机器人。它是人工智能的产物，看起来像是6条腿的昆虫，当然，是个大型的昆虫……当它的6个像珠串一样排列的红外线感应器被什么东西阻挡住时，它便即刻停止前进。只要它能跟上所瞄准的猎物，它就会一直跟踪追击下去，无情地扫开前进道路上的任何障碍，将

全部心力都用在捕获猎物上……在它身上，有着坚强无比的性格，永不言败的意志力。”

与“艾伦”通过3层电路进行活动不同，“耿赫斯”身上拥有51个独立的、同时运转的电脑程序。这些程序叫做“无限扩大的兼有限状态的机器”，每一个程序都针对一个具体状态或具体情况，例如6条腿中的每条腿的位置等等。这些小程序间相互交流合作，最终使机器人能够一边攀爬，一边保持平衡。最终，3个特殊的程序分别找到红外线感应器发出的信号，紧紧攀住目标，以及沿着既定方向前进。

每一个程序都在不断地发出并接收到来自另一个程序或是另一些程序的信号（有效的数据）。举个例子，一旦发现了目标物体，读取感应器信号的程序会向“巡视”程序发送信号。感应器程序同时也向不断纠正机器人路径的“纠错”程序发送数据，所有这些程序的工作都是针对同一个目标。

布鲁克斯指出，像“耿赫斯”这样的机器人是被动的，也是具体化了的。一个被动型机器人只能对输入的感觉作出直接回应，它的行为也是在这种回应与交流之间决定的，这与世界上的一些抽象模型有着出入。一个具体化了的机器人意味着，在它的体内，有对这个世界的感观体验。

当布鲁克斯与同事开始制造能够贯彻更多理念的“具体化”的机器人时，1992年他与“阿波罗15号”的设计者大卫·斯科特（David Scott）就行星探测问题进行了一次交流。阿波罗计划以及“海盗号”与“伽利略号”这样的探测飞船曾经经历过无与伦比的“光辉岁月”，将移动型机器人发送到火星以及其他行星的表面，这些似乎都预示着空间探险任务将会发生令人振奋的（或许也是在人们的承受范围之内的）变革，总体实力将得到大的提高。

布鲁克斯新设计的多层型“具体化”机器人为空间机器人探索者提供了更多的可能。他在1989年写了一篇论文，题目是《敏捷、便宜但难以控制：太阳系中的机器人入侵》。在看到许多小型漫游机器纷纷穿越火星表面之后，他也意识到，在这个领域中，用研制出的一两个造价高昂的机器人到火星探险无疑是一种冒险。科林·安格很快发明了仅重1.1磅（0.5千克）的机器人“图斯”（Tooth）。尽管喷气动力实验室并未采用布鲁克斯设计的行星漫游者，1997年发送至火星的“旅居者”的轮子也与“图斯”的颇为相似，它所具备的独立功能至少也部分地受到布鲁克斯的多层次机器人的启发。

具备人的特点的机器人

1992年,在电影《2001：奥德赛之旅》上演25年之后,布鲁克斯又一次想起电影中出现的拥有人类智慧的计算机HAL 9000,心潮起伏。在电影中,HAL诞生于20世纪90年代。而在现实世界中的90年代,计算机和机器人似乎与HAL之间,还差有几十年呢。

在研制出机器昆虫、漫游者与其他移动机器人之后,布鲁克斯决定发明一种能够与物体以及人类进行交往的、并与人类更为相似的机器人。在进行了大量实验的基础上,布鲁克斯研制出了高级智能,但他并非是将目光放在复杂的认知程序的大脑之上,而是通过研究人类大脑中智能的真正产生过程而得的。

正如布鲁克斯在《人体与机器》一书中所说:"我们人类并不仅仅是基因的产物,我们同样是在社会环境中,在我们与世界的其他事物发生关联的过程中成长起来的。我们的文化也如此,它是我们自身在这个世界中的体现。"这也说明,一个与人类接近的机器至少看起来得像人类,需要有与我们相似的眼睛、相似的手臂。

日本早稻田大学的研究者洋和加藤在研制类人型机器人的过程中,已经做了一些工作。他于1973年设计的"沃伯特1号"就能够用两条腿走路、用手抓东西,并能在有限的方式上简短地与人们"交谈"。1984年设计的第二代"沃伯特2号"能够坐下来、听音乐、按键盘,甚至用自己的脚打节拍。(待到本田公司1998年出品的、与人更为接近的P2、P3以及阿西莫机器人出现在公众面前时,这种类型的研究可以说达到了某种巅峰状态。)

尽管这些机器人与人类颇为相似,甚至能模仿人类的言行举止,但它们并不能完全满足布鲁克斯对"被动型"与"具体化"的机器人的设想。它们的行为主要是由组织严密的中心程序集中控制的。布鲁克斯回顾了过去发明的耿赫斯与其他昆虫状的机器人同伴,决心设计一种以行为为中心的、多层次的机器人模式。

布鲁克斯的设计从机器人的眼睛开始。与数字照相机不同,人类的眼睛在穿越视域的时候,并没有一个统一的注视方式与有色影像。眼睛比起大部分照相机(最多160°),有着更宽的全景视域。而在接近视网膜的中央凹时,有着更高的反应能力与色彩感应能力。当眼角捕捉一些有趣的物体(比如奔跑中的动物)时,它会从这个点迅速地移动或是说“扫视”。在这个过程中,人其实是看不见的,尽管在大脑中已经清晰地勾勒出了一幅完整的画面。

更深入的研究表明:与人工生命机器人不同,凭借对世界的内在认识,人类能够不停地审视这个世界、迅速作出反应,然后再审视——并根据进化原则,关注那些与生存与社会成就有关的东西。因此,要看一个人对另一个人是否感兴趣,主要看他们是否有眼神的接触。9 个月大的婴儿开始知道父母何时会看别的东西。渐渐地,孩子也学会追随父母的目光,从而注意到远处的物体。

人的眼睛

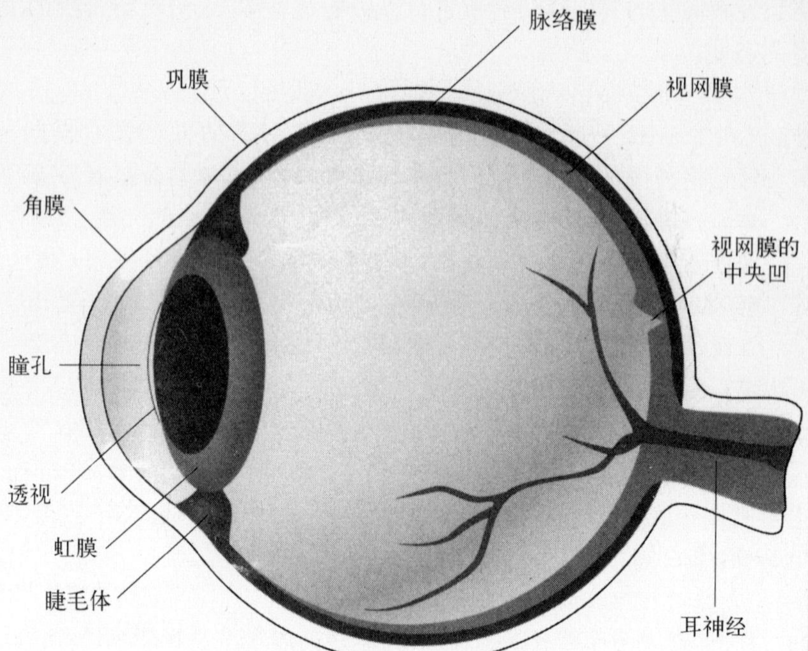

在人的眼睛中,神经(接着变为图像处理能力)集中于视网膜的中央凹上,处于视力的中心。

“考格”

20 世纪 90 年代初，布鲁克斯与同事一起，设计了一种能够模拟人眼移动与其他行为的机器人，这个机器人名叫“考格”(Cog)，取的是“认知”(cognition)或是“思想”的意思。(其中还包含某种讽刺之意，因布鲁克斯并非在普通意义上强调人工智能的认知意义。)“考格”的每一只眼睛有着分开来的大角度与小角度的摄像机，能够模仿人眼的视网膜的中心。它的眼睛装了平衡环，这样它便能在头部与颈部移动的同时(这种机器人没有腿)，轻松地将目光转向目标物体。“考格”的头部还有“耳朵”——那是一个能帮它发现声源的麦克风。

在《深层次的问题》一文中，布鲁克斯回忆了当他看到“考格”与研究者以及实验室的其他拜访者们进行交流的过程中，人们对待自身的模仿者的态度：

> *“……这一系统包含着很少的内容，对人们来说很有亲和力。我们保证它的可视系统能够正常工作，保证它的眼睛与头部的移动，它还能听到外界的声音，并能飞快地扫视一番，接着头部开始追随眼睛移动，到达移动的中点。当它做这些事的时候，人们会觉得再正常不过，因为这就是人类平常的表现。甚至在校学生在做这项实验的时候，即使知道它的头脑中什么都没有，还是会觉得它像极了人……”*

我们可以举出一个例子证明“考格”是如何吸引人的注意力的。正如电影制作导演桑吉达·康奈尔(Sanjida O'Connell)在《伦敦时代》中所写的那样，研究者们——

> *“想要向人们展示，‘考格’并非受任何程序的驱使才进行一系列的活动。因此我们为‘考格’的 6 岁生日准备了蛋糕与香槟，并让‘考格’接待每一位客人。‘考格’虽然只是一个机器人，却与人类极为相似——它通过手指上的触摸感应器与人们拥抱，并能看到与听到周围的一切，并能注意周围人的移动。它还学会一套模仿的把戏，举个例子，一个学生会将一些彩色的转型*

物分类，'考格'看到了也会模仿他的动作。"

"值得纪念的一刻是在'考格'的生日派对上。一个婴儿爬向了'考格'，于是他们两个——婴儿和机器人相互之间有了交流。婴儿对待机器人的态度就像对待正常人一样，'考格'看上去像被婴儿吸引住了，但却不能说话或是表达自己的感情。"

"考格"的研究工作持续到20世纪90年代后期，随后"科斯米特"(Kismet)——一种情绪会产生变化的机器人诞生了。布鲁克斯的学生辛西亚·布雷泽尔(Cynthia Breazeal)自"科斯米特"起，开始了自己的机器人研究生涯，后来设计出了被自己称之为"社交型机器人"的新产品。

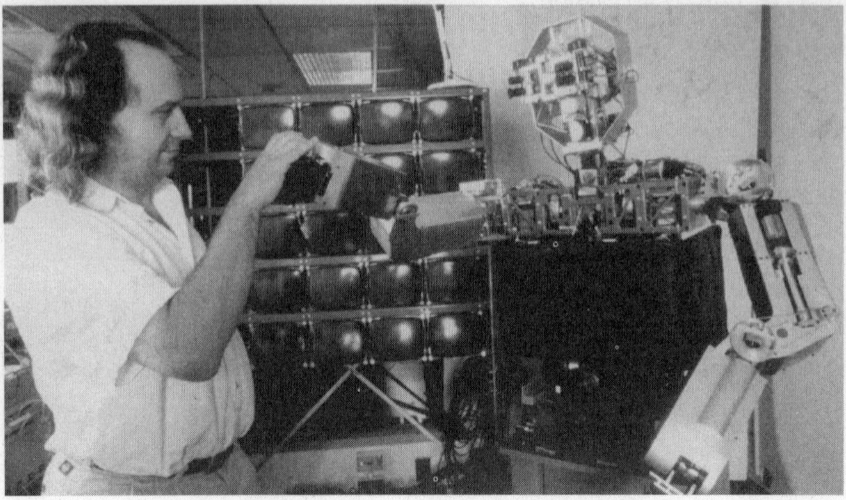

上图是罗德尼·布鲁克斯与"考格"的合影，"考格"能够像正常人一样用眼睛看，并能对人的行为表现出"关注"。

实用机器人技术

到了1990年，布鲁克斯想把他的以行为为本的机器人技术投放到市场中去，因而开发出一些基本的却是有用的功能。他召集了两名最有创新精神、工作也最勤奋踏实的学生科林·安格与海伦·格雷纳为其工作，并成立了机器人制造公司，这就是后来的艾罗伯特公司。当新的世纪开始的时候，公司的产品主要包括一些具有很高的人际交往能力的玩偶、真空吸尘型机器人“鲁姆巴”以及为军队与法律实施部门工作的追踪型机器人。

与此同时，在麻省理工学院，布鲁克斯与人工智能实验室的同仁们还在为“氧气计划”工作，这一计划的目的在于使计算机的应用更加深入，也更有号召力。计划的一部分包括声音控制、图像控制（也是房间墙壁上所显示的）、无线电话连接与网络服务。其最终目标是让计算机的所有功能都变得简单易得，无论你是谁，无论你在干什么，也无论你是一个人还是跟一群人在一起，你既可用一句话，也可以通过触摸，就能够让计算机做你想做的事。

是什么与生活相区别？

如何使人们更好地了解机器人是如何变得越来越聪明的呢？布鲁克斯从未停止过这方面的思考。不过，他还是表示出对那种试图将计算机理论运用到生物学知识中的厌恶之情。这并不意味着他在寻找什么神秘的“重大理论”，而是更像他在《一些深入的问题》中所说的：

> *“我们需要一个能让我们思考不同事物的不同方式的概念性的框架……我们了解生物系统，我们知道它们是如何操作的，但我们并不能解释其中的具体过程，也不能解释为什么我们不能复制这些过程。这对我来说，就是一个正在思索的问题。遗憾的是，这个问题也许永远都找不到答案。”*

尽管一些机器人已经取得了引人注目的成功，例如布鲁克斯设计的“考格”，以及他的具有很强创造力的学生辛西亚·布雷泽尔设计的“感情移入型”机器人“科斯米特”都是成功的典型，但对于机器人与动物（包括人）之间的区别，人们还是缺少直观的认识。在布鲁克斯发表于《自然界》的《事务与生命之间的联系》一文中，布鲁克斯比较了两种相关领域的努力。人工智能将目光集中于模型的概念、认知能力与行为能力；而人工生命则着重于创造简单的能够进行模拟复制、选择与进化的实体。在制造当今使用的高级电脑中，这两个领域都是成绩斐然的。

在这篇文章中，布鲁克斯还提出一个问题：为什么人工智能与人工生命都没能成功地制造出一种能够彻底地让人们以假乱真的事物？在早期人工智能中，人们可以说，电脑还处在很简单的状态，还不具备足够的能力来应付计算所需——或许从来就不具备这样的能力。从另一方面说，就像摩尔定律所说的，人们已经达成了共识：电脑的功能与水平在每18个月到两年间就会翻一番。这是一个事实：布鲁克斯曾指出：1965年的国际象棋大赛上，马克哈克程序一秒钟只能计算出几千种棋子移动的位置，而电脑程序"深蓝"则在1997年打败了世界冠军加里·卡斯帕洛夫(Garry Kasparov)，并能在同样的一秒钟内，计算出20 000 000万种移动位置。

这种强大的功能也带来了许多重要的改变，包括可视系统的提高，电脑变得能够更快地识别并分析周围事物。在文章中，布鲁克斯提出了几种可能：

> *(1) 我们可能会使一些参数发生错误；(2) 我们可能会建一些不会过于复杂的模型；(3) 也许计算机的功能仍然存在着缺陷；(4) 在生物学中，我们也许已经错过了一些最基本的与最必要的模型。*

布鲁克斯并未放弃对此类问题的追寻。他还在努力地界定哪些部分对于生物学来说是"困难"的——那些并不与数学模型理想结合的部分——这也是普遍的问题。同时，他也在研究"分区系统"，在这种系统下，许多协同操作的系统一起工作，形成一个整体。这在计算机的操作系统与网络工作的设计中是至关重要的。说到底，许多形成有机体与系统特殊细胞对复杂生命形式的产生有重要的作用，而电脑程序的工作原理也与之没有太大差别。

布鲁克斯在现代机器人技术领域，拥有不可动摇的先锋者地位。他参与了美国人工智能协会的成立，同时也是美国科学进步组织的成员。他参加了数不清的讲座，并为业界的许多杂志担任编辑或者顾问，包括《国际计算机可视系统杂志》。他还是一名出色的演说家，向人们游说先进的机器人可能会带来的概念与社会的改变。在埃里尔·莫瑞斯(Errol Morris)执导的影片《敏捷、便宜但难以控制》中，他还亲自刻画了自己的形象，而这一片名也是从他的论文中来的。

生平年表

1954 年	罗德尼·布鲁克斯出生于澳大利亚的阿德莱德
1966 年	制造了第一台机器
1968 年	被电影《2001：奥德赛之旅》中出现的计算机 HAL 9000 吸引住了，心中深受鼓舞
1975 年	从澳大利亚南部的弗林德大学毕业，取得了数学硕士学位
1977 年	前往斯坦福大学学习计算机科学与人工智能
1981 年	从斯坦福大学毕业，取得了计算机科学的博士学位
1984 年	加入麻省理工学院的实验团队，开始参与机器人可视系统与导航系统的开发
1985 年	在一次国际性会议上，布鲁克斯展示了“以行为为基础”的机器人
1988 年	布鲁克斯及其团队成员开始设计会走路的机器人
1990 年	与科林·安格、海伦·格雷纳一起，成立了艾罗伯特公司
1992 年	与同事开始设计新的行星漫游型机器人
1990 年代中期	发明了会与人打交道的机器人“考格”，接着辛西亚·布莱泽尔发明的机器人“科斯麦特”也诞生了
2003 年	成为麻省理工学院新计算机科学与人工智能实验室的主持人

扩展阅读

图书：

罗德尼·布鲁克斯，《寒武纪时期的智能：新人工智能的早期历史》，麻省理工学院出版社，1999 年。书中收录了布鲁克斯的一些早期论文，论文描述了他的机器人制造生涯的发展过程；包括一些技术上的细节与深度的哲学思索。

——《人体与机器：机器人如何改变我们的生活》，纽约：帕森书局，2002 年。书中，布鲁克斯举出生动的事例，介绍他是如何进入计算机可视系统领域研究的，又是如何制造那些类人型机器人的，同时也表达了对自然界生物生存过程的思考。

文章：

约翰·布鲁克曼，《超越计算机：与罗德尼·布鲁克斯的谈话》，2000 年。网址：http://www.edge.org/3rd_culture/brooks_beyond/beyond_index.html. 从 2005 年 9 月 1 日起可在线阅读。整篇文章是罗德尼·布鲁克斯访谈的录音记录。在访谈中，布鲁克斯阐释了生物学、数字科学之间的关联，同时探讨了造成生物与机器之间的差别的不可知原因。

罗德尼·布鲁克斯，《事务与生活之间的联系》，《科学》杂志，第 409 期（2001 年 7 月 18 日），第 409—411 页。可在线阅读。网址：http://people.csail.mit.edu/brooks/papers/nature.pdf. 无论是生命体还是受计算机控制的机器，都是在非生物体之上建立的。布鲁克斯探讨了生命体与计算机及机器人之间不同之处的原因。

桑吉达·康奈尔，《考格：不仅仅是机器?》，《伦敦时代》，2002 年 5 月 6 日，第 10 页。文中描述了与考格的初次见面，并对布鲁克斯的计划作了评价，同时也展望了机器人技术在未来的应用。

蒂姆·萨巴斯坦，《机器人危机——是否值得这样做?》，BBC 新闻节目《正式访谈》，2002 年 8 月 19 日，可在线阅读。网址：http://news.bbc.co.uk/2/hi/programmers/hardtalk/2202825.stm. 自 2005 年 9 月 1 日起可在线访问。整篇文章同样是罗德尼·布鲁克斯访谈的文字记录。访谈中，布鲁克斯探讨了通过机器人的制造，从而对人类本身进行开发的必要性，同时也提出了潜在的危险，并回答了关于机器人是否真正有情绪的问题。

网站：

“计算机科学与人工智能实验室”（CSAIL），网址：http://www.csail.mit.edu. 自 2005 年 10 月 3 日起可在线访问。2003 年，罗德尼·布鲁克斯亲自成立了该网站，这是一个综合性的多学科的网站，其中你可看到计算机与认知科学、生物工程学以及其他学科。

7 计算机大使

——广濑将人与阿西莫

大约在20年间，随着技术的不断成功，会走路的机器人都占据了各大实验室，无一例外地大摇大摆地走路。更多的实用的服务型机器人都在医院走廊或是真空地板上出现。但是，设想一下，如果将它们制造成小型的、灵活的、与人类极相似的机器人，并让它们敏捷地爬楼梯，而不是迈着优雅的步伐走路，那会是一种什么样的场景？这样一种机器人将会获得与自身实力更相称的实用性，而且将会在人们的日常生活中发挥不可或缺的作用，成为人们的好助手与好伙伴。最近几年，对这种具备更多功能、更丰富形态的机器人的渴求呈上升趋势。广濑将人（Masato Hirose）与他在本田公司的研究同事一起，成功地设计出了这样一种机器人，一举震惊世界。这种机器人中的佼佼者就是——阿西莫（Asimo）。

从摩托车到机器人

1956年2月7日，广濑将人出生于日本栃木县。1980年，他获得了宇都宫大学的精确工程学位。在继续学习了一段时间之后，他进入本田公司工作。1986年，广濑被任命为一项机器人革新计划的负责人。尽管他在机器人技术领域并没有太多经验，但值得一提的是，广濑的孩提时期是在卡通片的陪伴下度过的，卡通片里经常有各式各样的英雄人物出现，例如“铁臂阿童木”等等。是不是有可能将科幻小说中的人物与理念带入现实生活中呢？广濑心中充满了好奇。

广濑所在的公司主要是生产摩托车与汽车的，而身为机车公司的员工却一心想着发明机器人，似乎颇为怪异。广濑很快了解到，本田公司并未将自身定位为汽车制造公司，而更准确的说法则是“移动产品制造公司”。他对那些能够移动，并能完成各种工作的机器表现出潜在的兴趣。尽管该公司（像日本的其他公司一样）在生产线上也使用工业型机器人，但他们最主要的兴趣还是生产可移动的机器人，使之能够四处巡走，帮助那些需要它们的人。这种兴趣也是有回报的。一方面本田公司从机器人研究中学会了更高级的控制系统，另一方面，这些控制系统也帮助他们发明更“娇小”的机器，以便在日益激烈的市场竞争中占据一席之地。

学习走路

广濑与其他 4 位工程师在位于东京郊外的本田公司新建的和光纯药(Wako)研究中心工作期间，开始做一项简单的实验：设计一种会走路的、能够将货物从工厂的一处运到另一处的机器人。刚开始，他们去动物园里找灵感，观察那些动物们的走路姿势，例如鸵鸟。他们还特意跟装有两只假腿的人一起工作，观察他是如何远足，甚至是爬山的。

本田公司的首席工程师广濑将人设计出机器人“阿西莫”，它不但与人极为相似，在日常工作中也能与人打成一片，毫无隔阂。这一发明很快震惊了世界。

渐渐地，广濑他们开始能够识别出普遍意义上的走路与人类的移动分别需要哪些关键因素。人类移动包括在不同情况下每一个关节的移动，例如在平地上走路或是爬楼梯。他们还设计了一些感应器，这些感应器能够在机器人走路的过程中为它们提供信息，告诉它们人们是否已觉察到它们的动作。这就需要机器人的内耳具有听力功能，能够帮它们判断速度，及时调整前进方向以及踝关节的感应能力与脚上的压力。

在机器人的移动过程中植入其身

体中的数据是由3个相互关联的控制系统进行相关处理的。基底的反应控制处理的是脚底与地面的碰撞与反弹，同时也安抚机器人对不平整路面的不满情绪。目标控制“ZMP”即“零动力点”——此动力点是在考虑到地球重力及走路时产生的加速、减速的因素之外，剔除掉惯力因素的影响而得出的。只要零动力点在受脚底支持的范围内，机器人便能在需要的情形下，像人走路一样，在步伐稍稍错乱的时候，借助合适的外力重新获得平衡。最后，脚步装备定位会在需要的时候控制脚的移动，将一切混乱情形重新带回轨道上来。

阿西莫

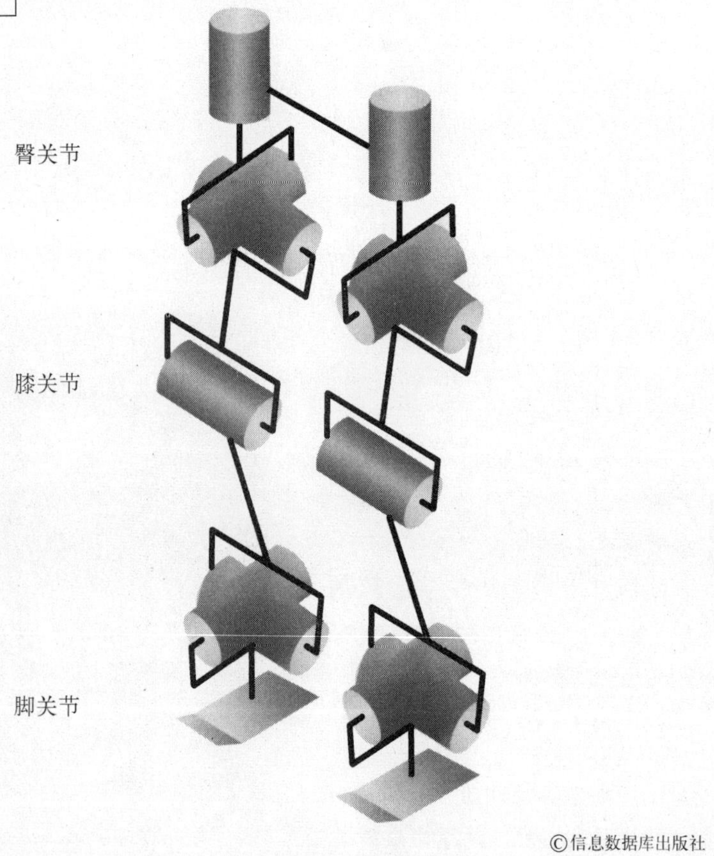

在类人型机器人阿西莫中，一种关节组合的极有效的组合与人的脚、膝与臀都配合得天衣无缝。

谁能相信机器人能够如此自信和流畅地与人共舞呢？（日本本田汽车公司提供图片）

阿西莫登场

在接下来的10年中，广濑与其同事成功地发明了一种会走路的机器人。它们中第一个诞生的名叫P1，发明于1994年，当时被本田公司认定为世界上第一个真正会走路的类人型机器人。第二年，机器人P2也诞生了，P2是由电缆维系着的，其所有的电脑功能都安置在主板上。这样一个笨笨的扛重物的机器人，大约有71英寸（1.82米）高，460磅（209千克）重。P2能替人们做许多必需的事情，因此也显示了会走路的机器人强大的应用前景。但它看起来实在太笨重了，有时候会突然绊倒，致使行动中断。考虑到这一缺陷，本田公司在它的媒体部分放入录像设备，不过这也不能将当时的整个过程及时显示出来。1997年，本田公司向公众展示了体积更小、同时也更为敏捷的机器人P3。

虽然本田公司发明的这些机器人在技术界已经引起一些反响，但它

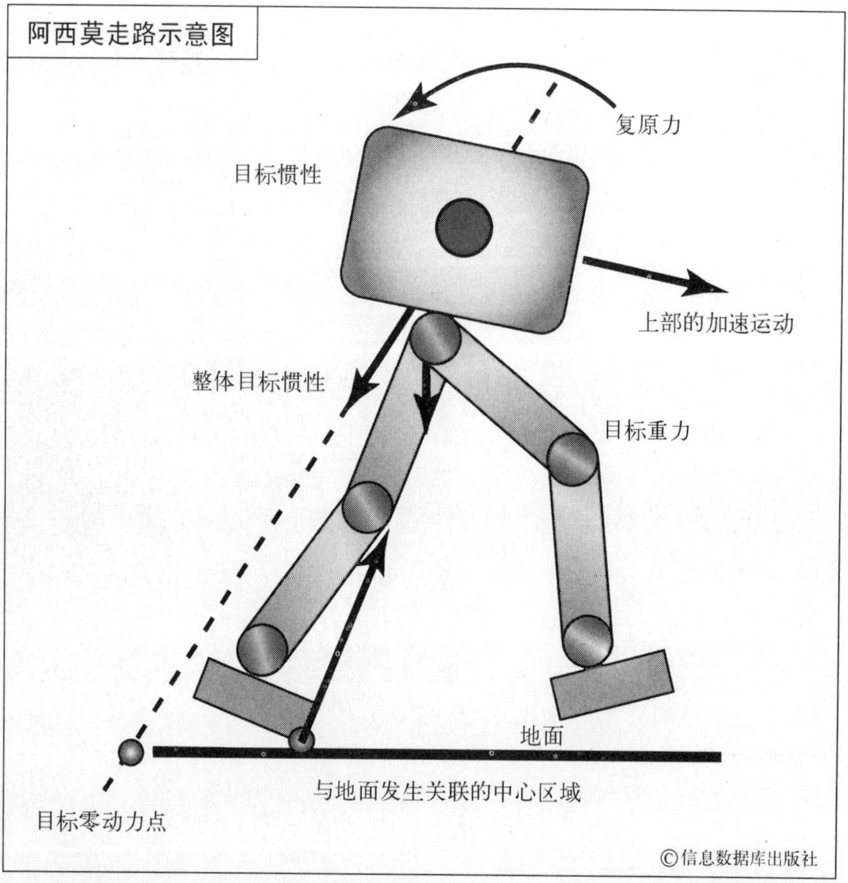

阿西莫的走路技巧包括维持平衡，并考虑到惯性、加速度与地面的"反弹力"。

们还只是前奏，真正高潮要等到 2000 年"阿西莫"的出现。尽管阿西莫这个名称来自科幻小说作家伊萨克·阿西莫夫与他笔下的机器人，本田公司仍然坚持"阿西莫"一词代表着"革新机动产业的高级阶段"。机器人"阿西莫"高约 47 英寸(1.2 米)，重约 114 磅(52 千克)。

"阿西莫"称得上是身手敏捷。尽管机器人研究者如马克·莱伯特展示过会走路的各种机器人的形态，广濑与本田公司的其他设计师们对自己的机器人却有更高的要求——他们希望它能在一个周围全是人的拥挤环境中行动自如。为了达到这一目标，他们决心设计一种与平常人毫无二致的、擅长用脚保持平衡的机器人。它们能够保持一种流畅的走路姿势，并会为了避免摔倒或是失去平衡，迅速地调整自己的方向。本田公司的研究者们发明了一种叫“我会走路”(i-Walk)的机器人,它能够预先判断需要作出哪种移动,并能在合适的时候改变重心(接着就能保持平衡)。这一技术的结果之一就是,机器人可以极为自然地改变自己的步速和目标(例如从走改为跑)。

本田公司的另一个研究人员(Satoshi Shigami)指出:像“阿西莫”这样的类人型机器人的开发过程对研究者来说,是一个极好的学习机会。类人型机器人的制造对他们来说,是一个很大的挑战,在这一过程中,他们对人体构造的难以置信的复杂程度大为惊讶,这也是以前他们从未注意过的。广濑将人在本田公司组织的一次阿西莫的国内公众展出上指出,“阿西莫”时常能令他忍俊不禁:“……那种心情有点类似父母对儿女的。”

在最新的一次改进中,“阿西莫”看上去变高了一点,体重也增加了。在其功能中增加了体态的控制,这时机器的柔韧性也大大加强了,无论是弯腰还是一转身都不会就此失掉平衡,甚至还能跑——当然,其时速只能保持在一小时 1.86 英里(3 千米)以下。

其他科学家:　　索尼公司的机器人研究者们

在日本,除了本田公司之外,索尼公司也是在近年内花大力气研制移动机器人的一个大公司。当本田公司将注意力集中在制造服务型机器人时,索尼公司则将目光转向娱乐型机器人的制造。

与“阿西莫”的养在深闺不同,索尼公司设计出来的机器人已经凭借其亲和力深入到千家万户。1999 年研制成功的机器狗“艾宝”(Aibo)不但会走路,还能识别周围的事物,不惧与其打交道。它甚至还包含有一种模拟学习程序,这样它便能给其指令系统传达新的命令与行为(如果它的主人是内行的话,还能设计出一套特殊的程序语言,若是学生的话,还能将“艾宝”作为学习人工智能计划的一个很好的平台)。最新设计出的“艾宝”挺喜欢照相,甚至还将它们传到互联网上——这样,它便成了世界上第一个拥有自己个人博客的机器狗!

索尼公司还一直在设计另一种机器人,名叫“科诺”(Qrio,是“curiosity”的缩写,意为好奇),这一新的类人机器人既汲取了“阿西莫”的走路技巧,又将人工智能与各种有趣的动作、行为融入自身。

相比“阿西莫”,“科诺”的结构更为精密,动作也更为敏捷,在它身上还安装了一种新的关节驱动。与“阿西莫”一样,在零动力点(机器人的重力和惯性与身面的反弹力作用在一起时的点)“科诺”也能生龙活虎地走路。如果它不慎摔了一跤,那么它会立即伸出手臂支撑,同时放松肌肉,从而将伤害减小到最低程度。

为了更好地与人进行复杂的交往,研究人员给“科诺”配置了面部表情与声音识别装置,这样一来它就能记住某个具体的人。它还具有天生的语言才能,能够记住某个人的个人信息,这样在以后与此人的谈话中便能轻松地提到。而且,“科诺”还有一个表情控制模型。与“阿西莫”等机器人不同的是,它如果不想遵从哪个简单命令,只能偶尔地拒绝一下。“科诺”的程序后来也被索尼公司用到机器人 SDR(索尼梦想机器人)身上。

正如 2002 年的《电子工程时代》中登载的(Yoshiko Hara)的一篇文章中所说,索尼公司的执行总裁(Toshinobu Doi)认为:“当今的机器人与生物学上前寒武纪的时期相当。”从那时留下的化石我们也可以发现曾经发生过一次“寒武纪爆炸”——在其短暂的间隔间,多细胞生物突然之间就出现了。在以后的几十年中,如果新的机器人技术与新开发的功能日渐臻于爆炸状态的话,那么日本应是首当其冲的。(Hara)引用了大阪大学的教授(Minoru Asada)的话,后者认为:“日本将成为世界上第一个机器人与人类和谐共存的国家。”从这个意义上说,当机器人与人类发生着日益密切关系的时候,日本将站在科学前沿,在这片领域打造出一片自己的试验田。

凭借另一个允许持续移动的装置,机器人可以在忽然碰到障碍物的情况下,采取另一套新的应急措施,同时也丝毫不影响它的速度。“阿西莫”身上安装有可视的、可回应的感应器,其中包含有一种腕关节上的感应器,能够与人握手。如果有人在与它握手的时候拉它一把或是推它一下,那机器人手会根据受力方向,向前或是向后移动。最后,这种机器人的电池可以支撑它运动一小时,比起过去的 30 分钟来,时间延长了。

机器人大使

2001年新年的一次电视演出上，阿西莫出现在日本的流行歌队斯玛普(Smap)表演的舞蹈节目中。让自己的机器人一下子进入这样一个复杂的、会迅速发生变化的环境中去，广濑将人起先还是有一点担心的。在接受《亚洲周刊》的一次访谈中，广濑说道：

"当时我在台下，心情非常紧张。任何情况都有可能发生——40个人在电视上共舞，有些人可能会误撞到'阿西莫'，或者将演出服无意中甩到它身上。面对这些突然变故，'阿西莫'可能会懵了。当一切都正常时，当一切证明我的担心多余以后，我一下子觉得释然了。"

本田公司与"阿西莫"的另一项成功出现在2002年的2月14日——那天同时也是本田公司在纽约证券市场上市的25周年纪念日——按照传统习惯，一些名人与其他公众人物被邀请敲响位于贸易大厅顶层阳台上的大钟，以此庆祝新年的到来。而这一年的新年钟声就是由"阿西莫"敲响的。紧接着，7个"阿西莫"机器人开始了它们的环游世界之旅，向全世界展示本田公司的机器人制造技术。这时候本田公司已经很快看到了机器人投资方面的巨大收益。公司宣布到2006年，将有40个"阿西莫"机器人在本田公司的办公地点做前台招待，它们会对来访者致以亲切问候，并殷勤地奉上咖啡供其享用。其他的"阿西莫"们将分布于日本的其他公司，甚至被运送到国外，担任接待员、博物馆导游或是其他相关工作，一年的成本大约是2000万日元(16.6万美元)。

"阿西莫"在次年又给本田公司带来了巨大收益，事实上，"阿西莫"正作为本田公司的形象代言人出现，正在逐渐提升着本田公司在公众面前的形象，同时也日益成为后者招募人才的试金石。日本的数以千万计的电视观众，包括世界上其他地区的人，给本田公司的研究提供了许多帮助，不仅仅是汽车之类的物品，还包括许多体形娇小、身手敏捷的机器人大使。据公司的报道，许多刚刚研究生毕业的工程专业的学生都纷纷选择了本田公司，作为自己职业生涯的起点。

未来的伙伴

本田公司研制的"阿西莫"机器人不断取得进展，也引发了日本业界的一个风气的转向，许多公司开始舍得在长期内方能见效的研究上花大力气、投大钱。不过至今“阿西莫”的实际用途还是很有限的。广濑自己也承认，本田公司的机器人研究还会进行许多年，直到完全超过公司的底线。

不过无论如何，广濑仍然相信最终会研制出能高度满足人类需求的机器人来，它们将会在医院、生活辅助中心甚至家庭中发挥重大作用。广濑在接受《亚洲周刊》采访时建议，未来的“阿西莫”的后裔将会是“你喜欢的样子——成为你友善的、得力的好助手。我将会很乐意让它四处移动，送取东西，将人们从类似的麻烦中解放出来。”广濑还说，在未来的一二十年内，这种乐于助人的机器人将会听懂日常语言，能够领会人们的任何指令。甚至都不需要给“阿西莫”设计一张人类的面孔与类人的表情，人们将会与机器人建立更深层的联系，而不仅仅像是今天人类与向导之间或是与导盲犬之间的关系。

其他成就

除了本田与索尼这样的公司之外，大学里的研究人员在机器人技术上同样也不甘落后。举个例子，包括康奈尔大学、麻省理工学院与新西兰的代夫特技术学院正在合力进行一项新的研究，试图开发出更有效率的会走路的机器人。

当一个人或是一个动物下山的时候，其身体中的能量仅仅用来抗拒身体的惯性，而动力与重力则完成其余的工作。像对“阿西莫”这样的机器人必须加入额外的能量，这样它才能准确地控制落脚点。在移动的过程中，机器人的发动力可能会将它的腿向回拉，降低它的速度，使其不至于过快。

上述3所大学的研究人员对下山时的移动作了考察，并认识到相同的力也同样适用于上山的途中或是地面上。这一研究结果通过极简单的方式模拟了人类的步态。据估算，这种走路方式需要的能量大约是阿西莫所需的1/10。随着电池的支撑能力在移动型机器人的设计中日渐重要，在能量的减少方面做文章可以说是十分对路。

新一代的类人型机器人的设计时代逐渐到来。广濑将人与本田公司的其他工作人员已向世界展示了机器人技术的新面孔——“阿西莫”与它所代表的友好的大使形象。

争论焦点：　　　　　　　　　　机器人与宗教

1995年10月，当本田公司向世人展示他们所设计的会走路的机器人P2时，该公司的总裁吉野裕行(Hiroyuki Yoshino)正为一些特殊原因担心，一些宗教团体会不会将类人型机器人的发明视作亵渎神明的行为呢？为此他派了两名官员前往梵蒂冈，询问宗教人士对此事的意见。

幸运的是，罗马教皇格利高里学院的院长——神父约瑟夫·彼托(Joseph Pittau)对此并不介意，他向来访者展示了米开朗基罗的上帝创造亚当题材的壁画，画上的上帝一只手指还碰触着照他的模样制成的亚当。神父解释道，正如上帝将生命的光芒投射在亚当身上一样，他同样赐予人类设计他物的智慧，机器人就是其中一种。只要机器人被用于正途，给人类以协助，教会的人对研究者不会有任何反对意见，梵蒂冈的神父如是说。

安妮·福斯特(Anne Foerst)是麻省理工学院机器人研究人员，同时也是一位神学者，她在自己所撰写的反响颇大的《机器中的上帝》一书中，探讨了机器人、人类与上帝三者之间的关系。她列举了现代机器人技术中人类的一连串探索，包括神话与科学之间、传说故事与科学解释之间的相互影响。16世纪希伯来传说中有一个有生命的假人(受一个特定的卷轴的驱动)形象，福斯特建议，当上帝按照自己的形象创造人类的时候，人类形象本身就包含着创造的推动力在内。换句话说，创造是一个“回归的功能”。在创造机器人乃至其他技术中，人类在不断地努力创造，期望有一天能够制造出极具创造力的机器助手。

在为人工智能(AI)研究者们的创造力鼓掌之余，福斯特在书中也指出：“如果我们将研究人工智能的企业仅仅视作纯粹利用科学的手段，而忽略到它其中包含的所有神秘的与情感上的因素，我们将会陷入到骄傲自满的境地。”接着，她还提倡神学家、哲学家、艺术家、诗人等等纷纷加入到机器人制造与人工智能的领域中来，将他们卓尔不凡的理解与科学界的顶极技术融合在一起。

出生年表

1956 年	2 月 7 日,广濑将人出生于日本的枥木县
1970 年代	本田公司开始推进更高级别的控制技术
1980 年	广濑从早稻田大学毕业,取得精确工程专业的学位
1986 年	本田公司为提高机器人制造技术,成立了和光纯药研究中心 广濑在本田公司担任机器人设计师的工作
1987—1991 年	本田公司的研究者们考察了一系列的动物走路方式
1994 年	机器人 P1 诞生了。据称它是世界上第一个真正的会走路的类人机器人
1996 年	广濑的团队又开发出 P2,它的所有程序都安装在机器人的主板上,是历史上第一个完全独立的类人机器人
1997 年	本田公司向公众展示了小型的、适用性更强的 P3 型机器人
2000 年	11 月,机器人“阿西莫”诞生
2001 年	广濑成为本田公司的总工程师 在本田公司的“阿西莫”机器人身上进一步配置了更快的操作系统,并在其主板上配置了语音识别软件
2002 年	2 月 14 日,“阿西莫”在纽约证券交易市场敲响了新年的钟声
2004 年	本田公司研制出了新一代的“阿西莫”,这种机器人在体态控制上作了革新,既可以快跑,又可以慢跑
2006 年	“阿西莫”开始做前台接待与导游之类的工作

扩展阅读

图书：

安妮·福斯特，《机器中的上帝：机器人所告诉我们有关人类与上帝的故事》，纽约：丹顿出版社，2004年。书中探讨了人工智能需求与人的生命，以及各种精神传统之间的关系。

丹尼尔·伊施白，《机器人：从科幻小说到技术革命》，纽约：哈里·艾拉布姆，2005年。书中有一章是讲机器人的类人型与娱乐功能的，特别提到了“阿西莫”与“科诺”。

文章：

Yoshiko Hara，《新工业期盼着与人类和谐共处的两足动物：“个人机器人”逐渐走入人们的生活》，《电子工程时代》，2002年9月15日。文中包括对本田与索尼公司的研究人员的访谈，聊了聊他们正在进行的类人型机器人研制计划。

《人类的新帮手正渐次成形》，《亚洲周刊》，2001年2月8日。该文是对广濑将人的专访，广濑介绍了“阿西莫”与未来将要设计的机器人的相关情况。

Yuzo Yamaguchi，《一切都是为了人类：本田公司设计出会走路、会说话的机器人“阿西莫”，开启了自动制造业的新时代》，《自动控制新闻》第76期(2002年1月28日)，第100页。文中描述了20世纪70年代以来，“阿西莫”是如何一步步地实现本田公司的设计策略；并描述了本田公司相关人员去梵蒂冈教堂寻求建议的轶事。

网站：

“‘阿西莫’：本田公司出品的类人型机器人”，网址：http://world.honda.com/ASIMO. 自2005年7月5日起可开始访问。提供了关于“阿西莫”的一些新闻的技术背景资料，同时也回顾了本田公司研究会走路的机器人的历史，以及移动技术的逐渐成熟。

“索尼公司的机器人之梦：科诺”，网址：http://www.sony.net/SonyInfo/QRIO. 自2005年9月15日起可开始访问。

8 会社交的机器人

——辛西亚·布雷泽尔与科斯麦特

将一个摇头晃脑的玩偶放在一个婴儿的面前，他会显得分外感兴趣——眼睛睁得大大的，发出快乐的却又含糊不清的“唔唔”声，似乎在拼命表示自己的喜欢。但当玩偶旋转得太快时，他会不满地将目光移开，发出阵阵尖叫，以示抗议。是什么带来了这种情绪上的变化呢？初为人母的妈妈对此也十分不解，但她还是将玩偶的旋转速度调低了些。从此，婴儿开始学会如何与他人交往、如何通过宣泄情绪满足自身的需要。同时，他也在学着如何在身为灵长类动物的“人类”中与其他成员交往。

但如果把上面的婴儿换成机器人呢？这可不是那种会在工厂里从事生产，或是在实验的走廊里试着调整航向的机器人。这个机器人名叫“科斯麦特”(Kismet)，从它的身上，机器人研究人员辛西亚·布雷泽尔(Cynthia Breazeal)也了解了婴儿成为社会人的一些具体过程——也许，人类与高级的机器人也能够试着了解彼此，从对方身上学到更多的东西。

爱上德里兹

1968年，辛西亚·布雷泽尔(其姓的发音与“巴西”类似)出生于新墨西哥的阿尔布科，很小的时候她的全家搬到了加利福尼亚，因此布雷泽尔在一个高科技区开始新的生活。她的父亲是一名数学家，母亲则是劳伦斯·利维莫实验室的一名计算机科学家。当她只有8岁的时候，布雷泽尔看了一部电影《星球大战》，后来她告诉《时代》杂志的亚当·科恩(Adam Cohen)：“看完那部电影之后，我就爱上了机器人‘德里兹’

(droids)。但当我长大以后,才逐渐明白这种类型的机器人在现实中是不存在的。”也许有一天,她自己能设计出这样的机器人来。

除了对机器人感兴趣外,小布雷泽尔还对药品与天文学感兴趣。当她进入位于桑塔芭芭拉的加利福尼亚大学(UCSB)之后,布雷泽尔开始考虑将来去国家宇航局工作,在那里她可以学到很多,甚至有机会成为一名真正的飞行员。(美国的第一个女飞行员莎莉·莱德,当时正是新闻界瞩目的焦点。)布雷泽尔很快发现,加利福尼亚大学有一个机器人研究中心,在那里她学习如何设计制造可以在行星上四处漫游的机器人。

在取得电子与计算机工程学士学位之后,布雷泽尔申请在麻省理工学院读硕士。她听说那里有个罗德尼·布鲁克斯主持的机器人研究中心,他们正在研制新一代的、具有很强实用性的行星漫游型机器人,在设计的时候还巧妙地从昆虫的移动中找灵感。布雷泽尔进入这个试验室后,主要设计两种机器人,分别叫阿提拉(Attila)与汉尼拔(Hannibal),她的硕士论文也是以此为题的(这种类型的机器人后来由帕萨德那的喷气动力实验室进一步研发,最终发展成 1997 年前往火星的“旅居者”漫游机器,以及 2006 年仍在火星表面发挥巨大作用的“精神号”与“机遇号”漫游者。)

布雷泽尔开发的机器人“阿提拉”与“汉尼拔”,不仅仅包含着空间探索的努力,还显示出通过成百上千的、彼此关联的、能够对特殊情况做出回应的小型程序的开发,机器人制造也变得极为可行。它们的成功也坚定了布鲁克斯与布雷泽尔本人的信念,他们进一步认识到,机器人与有机体生物一样,在简单生物体的基础上做出更复杂的行为活动,而不仅仅依赖于一个简单的自顶向下的装置。

麻省理工学院的研究者辛西亚·布雷泽尔凝视着镜子里的机器人“科斯麦特”。此举看起来不失其道理,因为“科斯麦特”正渐渐反映出像婴儿那样的人类最初的人际交往需求。

从“考格”到“科斯麦特”

布雷泽尔发现，研究那些昆虫状的移动机器人是一件非常有趣的事情，但尽管有此类想法，还是当布鲁克斯宣布启动一项新计划时，她才真正对此重视起来。该计划宣布：实验室将会设计一种能够熟练与人交往，就像人与人之间交往的机器人。

后来布雷泽尔告诉《纽约时代》的记者说，当时她从布鲁克斯的新计划中意识到一个新的机会渐已浮出水面，那就是“将机器人带入到人的世界，这样它们便能通过各种途径给我们提供帮助，而这些途径是以前想也不敢想的。”或许，人们能够做到“改进机器的学习程序”；或许，机器人能够像婴儿一样，在学习适当的行为的过程中变得更加“社会化”。

在布鲁克斯与其他同事(包括他的新的研究生助理布雷泽尔)的努力下，一个大约 6 英尺 5 英寸(1.96 米)高的机器人“考格”(Cog)诞生了。“考格”这个名字是布雷泽尔想出来的，意为“认识”(cognition)，另一层意思则是机械上用的齿轮。“考格”能够尝试着学习婴儿的感觉与推理能力。它的眼睛也与人，特别是婴儿的眼睛极为相似。附近的人在干什么，对什么感兴趣，都逃不过它的眼睛。

布雷泽尔在设计“考格”的立体视觉系统方面，花了不少心思。她与其他几个研究生同学还设计了许多相互关联的信息反馈路线，这样“考格”便能不时做出令人莞尔的举动。它还能够追踪移动的物体以及声源。经过不断的试验，机器人终于有了高度的协调与平衡能力，能够做出扔球与接球这样大幅度的动作，并能够踩着鼓点舞出节拍。

有一天，布雷泽尔拾起一块橡皮，在“考格”面前挥舞。“考格”的目光死死盯着橡皮，忽左忽右的，接着便伸出手，试着摸摸它。布雷泽尔接连不断地挥舞着，“考格”也不断地伸手够它。看起来似乎是“考格”与布雷泽尔俩轮流玩橡皮。从这个小游戏中，布雷泽尔意识到，机器人的程序没有给它传达“轮流玩”的概念。这一行为只是复杂的机器人与其设计者之类的交流的突然升级。

布雷泽尔在做博士论文时决定进一步研究人与机器人在做类似“轮流玩”的社会活动时互相交往的行为。她决定重点研究父母和孩子间的主要沟通方式：注意力、面部表情和语言表述。她设计了一个更像孩子的小机器人，给其起名为“科斯麦特”，科斯麦特为土耳其语，原意为命运、运气。

看、听、“说”

对许多人来说，“类人机器人”这一词组会给人带来一种有关好莱坞大片与迪斯尼动画片中人物的丰富的联想，在想象中，它们似乎还有着丰富的面部表情。但“科斯麦特”看起来与电影《ET》(《东部时间》)中的机器人有着诸多不同。它的主体部分就是一个脑袋，没有手臂，也没有腿。但它有一双大大的眼睛(眼球很夸张)、一对粉红的能卷起来的耳朵，还有一个弯曲的管状的嘴唇。“科斯麦特”的“肢体语言”也能及时地予人以回应，或是作出情绪上的表露。此外，“科斯麦特”还装有各类软硬件，以保证它与人们进行充分的交流。

与“考格”一样，“科斯麦特”的“电子眼”与人眼的功能异常相似，不过它的可视系统比起早期机器人来，已经前进了一大步。它还喜欢找那些颜色鲜艳的特体，譬如玩具之类的。这一人类的潜在玩伴还具备更高的功能——它能够识别出特定的面部表情(例如眼睛)以及声音。

尽管“科斯麦特”看起来只有一个脑袋，但它在对人或物发生兴趣的时候，还会把脑袋向前伸一伸。为使“科斯麦特”对人类的关注发出回应，布雷泽尔在其照相机的镜片上装上了类人的义眼，甚至还附上睫毛。不过从另一方面说，如果一个人太靠近它时(这样会阻挡机器人的视线)，“科斯麦特”也会不客气地推开他，这是一种身体语言，意即：“你这是在侵占我的地盘”。

“科斯麦特”并不真正地理解人们对它说的话。但它会细细分辨这些人说话时的语调与语速，并将它们与不同的情绪状态联结起来。如果一个来访者对“科斯麦特”发出友好的赞美(就当它是一个婴儿或是一条小狗似的)，机器人会显示出愉快的情绪状态，例如微笑等等。从另一方面说，一个尖刻的、责备的语气则会让它显得非常沮丧，眉头打结。为了传递出更丰富的面部表情，“科斯麦特”红色的橡皮“嘴唇”受着一些不同的驱动程序的控制。眉毛与耳朵的移动组合可以形成一系列的不同情绪，例如好奇、兴奋或是厌倦等等。将不同的驱动程序组合在一起，使它们顺畅地工作，无疑是对程序与技术提出了高难度的要求。

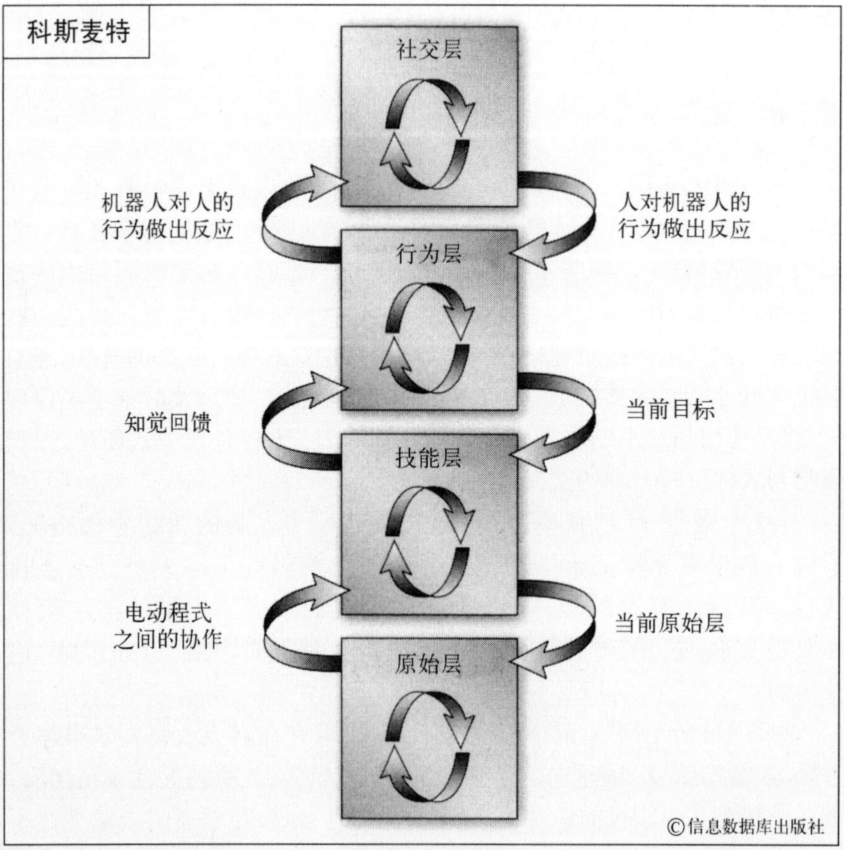

“科斯麦特”的行为分成4个主要层次。原始层与感应器和效应器密切相关，其主要功能是保持反射的平衡。功能层能够将电动方面的技术与其他技术联系起来，协调其工作，从而产生更复杂的移动。行为层为全面战略的决定提供“驱动”与其他相关条件。最后，社会层则尝试着决定人如何回应机器人发出的信息。

争论焦点：　　机器人能“感觉”意味着什么？

怀疑论者每每看到“科斯麦特”与来访者之间进行的极细致的交流，都无一例外地会获得深刻印象，他们的脑海中还会浮现出这样一个问题：一台机器如何能真正获得人类甚至是一些高等动物的情感体验呢？

不过无论如何，人与其他动物都是数亿年间进化的结果。很久以前，我们的思想还在化学物质的海洋中漂浮，动物也只是基本的模拟(非数字的)。从另一个角度看,机器无论有多么复杂,都是由精密的设计思想决定的,任何模拟行为都属于数字化模拟的范畴。

从怀疑论者的反对意见,可以牵出另一个原因:一个人如何能体会其他人在与自己身处同样的情形下,具有怎样的情感?人类并没有一个共用的神经系统,而且就目前来说,也没有直接体会别人的思想或是感情的能力。身为一个个体,只能通过口头语言或是书面语言了解另一个个体的思想状态,除此之外别无其他。

一般说来,人们允许其他人像自己一样思想、感觉至少有两个原因。从知性上说,如果两个个体属于同一个物种,有着相似的行为,那么他就必须有着相似的情感状态。能够体会其他人的感受的最重要的原因是:我们从小就是在父母的不断回应中长大的,他们理解我们,对我们的感觉做出回应。同时,我们也与保姆、老师、朋友,甚至是竞争对手建立了广泛的情感联系。

而对机器人(特别是相对较简单的"科斯麦特")来说,人们在与其交流的过程中,很容易地便会忘记他们是在跟一台机器打交道,而机器的背后则是一系列的说明书与电路图。当"科斯麦特"的后代变得越来越结构复杂、精细时,没有人会完全明白其中蕴含的所有动力学的成分。当我们与这类机器人的交往越来越轻松自如时,当它们越来越好地为我们服务时,我们会承认这样一个事实,那就是机器人也是"活生生的"东西,虽然并不完全像我们那样,但它们的感觉与我们的也有许多相似之处,我们承认这点,是因为我们宁愿它是真的。

不知从何时起,一个能够将认知能力与"情绪智能"结合起来,从而比"科斯麦特"更高级的机器人开始拥有真正的感觉,那种感觉起码像是人类对他们的宠物猫狗的感情所产生的感觉一样。在这一点上,关于机器人完全受人控制的认识将退回到抽象理论的领域,就像一些人认定人类完全是由基因决定的一样。

不久以后,一些特殊的机器人或许会上升到跟人类平等的地位,成为与人类共存的一个智能物种。在这条道路上,如果机器人成为人的一种,那么它们将会拥有怎样的权利也就不言而喻了。

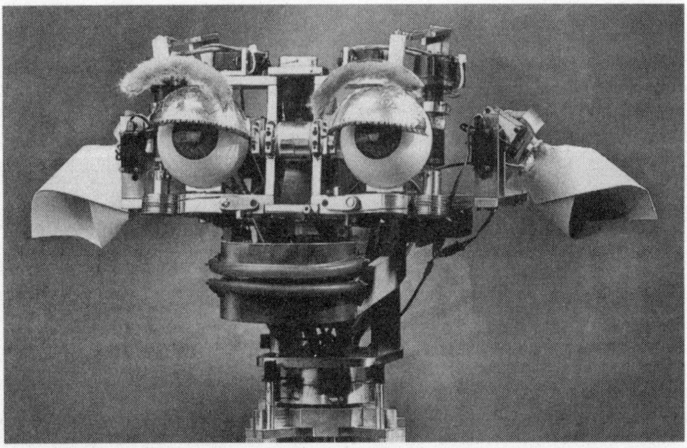

看看“科斯麦特”的这张脸吧，似乎一看到它，就很难不被它吸引。

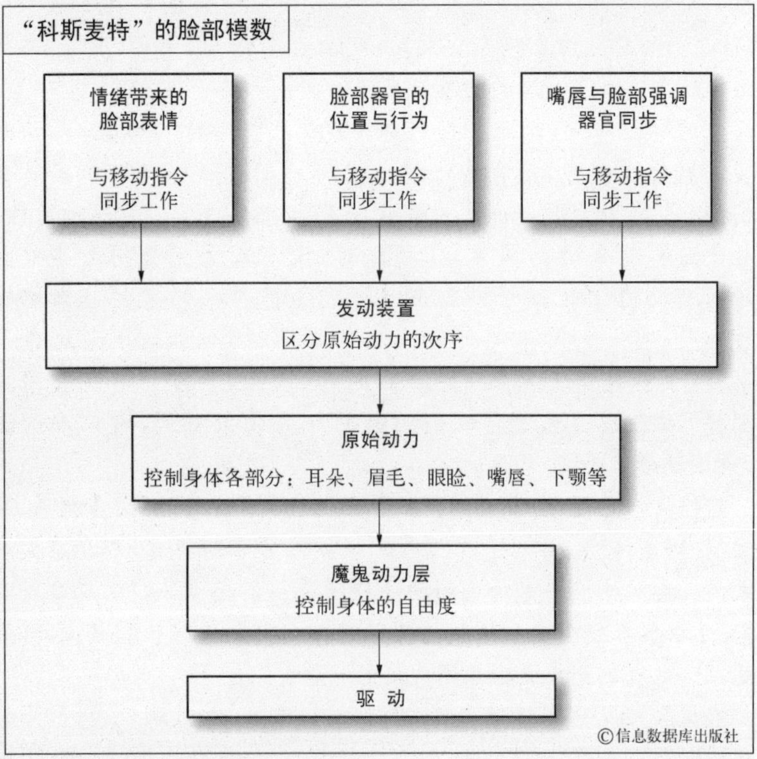

“科斯麦特”的面部表情也是由于一系列模数层生发出来的。每一种寻常的表情都在向服务器输送移动指令，进而将命令下达出去。接着，这一请求传向原始动力层，这一层的主要功能是身体各个组成部分。最后，准确的移动指令被送至个体驱动中。

情绪状态

“科斯麦特”的“情绪”并不仅仅是通过从周围的人身上获得提示信息，再提供给软件简单的指令，以此来决定自己的行为。它会通过反馈系统细心地调整自己，并建立起一套效果显著的自然发声法与视觉交流系统。它对人们的行为做出及时反应，而人们也会进一步地对它做出回应。

相关发明：　　机 器 花 园

布雷泽尔发明了新形态的“反应型”机器人，它们已经运用到金星上，使用范围远远超过了实验室。2003 年，纽约的库珀·荷维特国际设计博物馆举办了由布雷泽尔策划的一场“电子植物展览会”。会上，一种由金属与硅树脂制成的“花”会在人们的手靠近它们的时候，瞬间竞相开放，缤纷绚烂。正如布雷泽尔对《纽约时代》的记者克劳迪亚·德雷芙丝(Claudia Dreifus)说的那样：

“这次展示与我的未来的机器人设计生涯密不可分。它们极大地引起了参观者的兴趣，给后来的技术也留下一些启示。而最触动我的一点是，它们对我们的回应与相关交流表现出了很高的水准——与其说是按了按钮，不如说更像一个舞蹈，自由绽放，精妙绝伦。”

这样的机器人确实能够吸引不同年龄与不同背景的人。而像机器花园这样的设计也表明，艺术与技术的融合同样能在纳瓦达沙漠的年度火烧节上出现，在那里，艺术家与技术人员会联合起来，创造出悉心研制的、具备很强的交流能力的雕刻家，从而进入到创造力的公共狂欢中。

不过“科斯麦特”并不总是与人发生接触，这个时候的它总显得很孤独。只要一个拜访者来了，机器人的精力就会一下子集中起来。它会朝前伸一伸脑袋，耳朵也会转一转，嘴里还会发出叽里咕噜的声音，看起来像一只兴奋的小狗。

“科斯麦特”对公司来说很有用，他们需要的是它的 3 个主要移动驱动装置之一，同时也需要它观看“有趣的”东西需要的模拟装置。因为“科斯麦特”没有手臂，它会提示身边的人它喜欢哪样东西，而人们也总是将那样东西拿到它跟前。与婴儿不同，在交流时间过长、运转负载的情况下，“科斯麦特”也会感觉到疲倦。

在接受《探索》杂志记者道格拉斯·温纳特(Douglas Whynott)与弗纳拉·桑德斯(Fenella Saunders)的采访时，布雷泽尔表示：

“(“科斯麦特”的)行为并不会轻易中断。它是由电脑程序控制的，并不是随机的或是任意的。在它身上发生的各种关联足够多了，因此你也不可能知道接下来会发生什么，内部因素也一直处于变化之中。”

也许最好看的一幕就是：在15台独立的电脑上同时运行几种不同的控制系统，然后让“科斯麦特”在这种强大的系统流畅地做出各种动作，显露出各种表情。

列奥纳多

布雷泽尔从“科斯麦特”身上，看到了机器人和人类身上的诸多相似与诸多不同，布雷泽尔也渴望着能做进一步的试验。她面临着一个极重大的挑战，那就是将认知能力、学习过程与情感驱动、社会交往结合起来。因此，她在2000年接受《时代》杂志记者亚当·科恩(Adam Cohen)的采访时说，未来的“社交型机器人”将会像婴儿那样，学习某种语言。而在所有的单词中，机器人学得最快的将是那些与情感需求联系在一起的单词——例如索取钟爱的玩具时所发出的恳求。在这篇文章中，布雷泽尔还说到她希望未来的终极机器人能够与周遭建立起种种联系，就像一个刚开始走路的孩子的本能一样：“当我心怀企盼的时候，我会果断地采取行动，造出我满意的机器人。”

布雷泽尔的最新发明是一种叫“列奥纳多”(Leonardo)的机器人。与“科斯麦特”不同，“列奥纳多”有完整的手和腿，看起来和《星球大战》中的那位差不多。它的表面有着人造皮肤，身体中精密组合着32种独立的动力装置，这些都使它的面部表情比起“科斯麦特”来，与人类的真实面部表情更为相似。甚至连耸肩这样的高难度肢体语言，对它来说也完全不在话下。

“列奥纳多”的更敏捷的学习能力给人们留下了深刻的印象。这个机器人能够在教师的指导下，模仿其他人的行为(从面部表情与简单游戏学起)，学习新的概念与任务。

在2001年拍摄的电影《人工智能》中导演斯蒂芬·斯皮尔伯格(Steven Spielberg)在影片里塑造了一个看起来像小男孩的人工智能型机器人,再度诠释了一个童话中的主角形象。这个机器人有爱的能力——事实上,它也需要爱。尽管这部电影并不能说是完全成功,但其中对情感型机器人与人类之间的种种缠绕不清的关系的探讨,在不久的未来还是能看到端倪的。在今天的实验室中,我们能对"科斯麦特"、"列奥纳多"以及它们的后辈做出种种热烈的回应,这多多少少地反映出未来的趋势。

社交型机器人的未来

2002年,布雷泽尔出版了《社交型机器人的制造》一书,在书中详细地介绍了"科斯麦特"身体内部相互发生关联的诸多驱动程序,以及这些驱动程序是如何组合在一起,制造出各种复杂的行为的。她还得出了一些能够主导未来机器人技术新发展方向的重要结论,例如她发现"科斯麦特"与许多学生与同事之间的频繁交往,这些说明如果机器人能够吸引人类与之交流,那么它将会发展得越来越迅速,越来越接近人类的发展水平。

最近几年,机器人技术取得了一些进展,这些也预示着机器人越来越有可能为人类的日常生活做出贡献。这些进展包括敏捷地走路、在一个嘈杂的环境中有坚定的航向感,以及一种更好的认识与处理周围物体的能力。由于辛西亚·布雷泽尔开始的这项工作,上述进展中还添加了一项:对人类的情感语言做出识别与回应。

近来,一些作家提出"情商"这一概念——这意味着能够准确地获知自己或是他人的情绪,并及时地做出回应——这与"智商"同等重要。如果高级情商能与更传统的一些能力结合起来的话,那么社交型机器人便能够以一种意想不到的方式,在很多地方给人以帮助,这些帮助主要包括以下方面:

● 一个能够照顾婴儿的机器人可以与一个会走路的婴儿之间,进行一系列内容丰富的交流,机器人还能够知道婴儿什么时候会感觉到疲倦,什么时候应该休息。

● 教师型机器人能够帮助年长一点的孩子训练心眼一致以及动手能力,如果孩子表现出不耐烦的情绪,机器人也会采取各种应对措施。

- 照顾老年人的保姆型机器人不仅能够帮他们取到所需之物，提醒他们按时吃药，还能识别出各种沮丧或是其他不良的情绪。
- 老年痴呆症患者也能够进行记忆的强化训练以及认知强化能力训练，同时还能获得良好的方向感与情感恢复训练。
- 具有很强适应能力的社交型机器人能够鼓励中风患者重新开口，在其他移动训练中也会给他们相应帮助。
- 机器人能够帮助人们摆脱严重的认知上的混乱（例如孤独症），能够时刻关注他们的生活与渐进的行为，使他们能够更好地适应环境，对其他人也不再沉默到底。

社会效应：　　机器人技术行业中的女性

从传统的角度看，机器人技术是技术的一种形态，而且是很少由女性研究者参与的一个领域。当《时代》杂志的记者亚当·科恩提出在机器人技术行业中，为什么女性如此之少时，布雷泽尔回答说，女性并未得到足够的支持："女孩并不被禁止从事此类行业，但她们也从未得到过鼓励与支持。"布雷泽尔还指出，在最近的几年中，她自己一直鼓励那些有志于从事机器人技术工作的女性投入到相关行业中来。

布雷泽尔对科学女性方面细致而重要的研究获得了一些反响，同时她也提供了一种技术人员与物理学家和常人的不同视角。很少有人能看到技术工作与儿童心理学或是儿童社会学之间的联系。尽管机器人技术与人工智能将生物学、神经学与认知科学结合起来，也并不能说明它们对人类的社会需求有任何影响。通过设计具备社会交往能力与学习能力的机器人，布雷泽尔也渐渐地改变了机器人技术的现状。这在机器人技术与其他领域诸如心理学等社会科学之间也架起了一座桥梁，这座桥梁也将逐渐地对女性敞开。最终，不论是男性还是女性技术人员，不仅必须设想如何将技术投入应用，还要进一步反思人类与日渐复杂化的机器之间是如何改变彼此的。

"让机器人成为你的挚友"

除在2000年获得麻省理工学院的博士学位之外，布雷泽尔的工作也带给她巨大的声誉。在人们的眼中，她是一位卓有成就的年轻发明家或者说先锋人物。像《时代》杂志与《波士顿商业前沿》杂志，都对她有着如此评价。她还被麻省理工学院的《技术评论》杂志评选为100位“年轻先锋者”之一。另外，她还担任了大导演斯蒂芬·斯皮尔伯格与斯坦利·库布里克执导的电影《人工智能》一片的顾问。

现在，布雷泽尔还被麻省理工学院传媒试验室聘为传媒艺术与科学的助理教授，同时也是这一实验室的机器人生命团队的领头人。不论她未来还会从事什么样的工作，辛西亚·布雷泽尔在接受《探索》杂志采访时说：“我们的终极理想就是让机器人成为你的挚友。”

布雷泽尔似乎忘了提一个重要的朋友，那就是“科斯麦特”。它第一次向人们展示了身为一个机器人，所担当的不仅仅是一个工具或是一个帮助者的角色，而是你的一个真正的伙伴。“科斯麦特”自“退休”以来，一直在麻省理工学院的博物馆中向公众展览，至今仍给人以不少启示。

生平年表

1968年	出生于新墨西哥的阿尔布科，但全家很快搬到了加利福尼亚的利维莫
1976年	看了电影《星球大战》之后，狂热地喜欢上了R2D2和C3PO
1989年	获得桑塔芭芭拉的加利福尼亚大学的电子与计算机工程学士学位
1992年	设计了一种程序，使行走型机器人阿提拉和汉尼拔能够按照指定路线行走
1993年	获得麻省理工学院电子工程与计算机科学的硕士学位
1997年	开始设计世界上第一个社交型机器人“科斯麦特”
2000年	以“科斯麦特”的设计为主题，写了博士论文，并得到了麻省理工学院的电子工程与计算机科学的博士学位
2002年	出版了《社交型机器人的发明》一书

2003 年 在纽约举办的“电子植物展览会”上安装了一种能与周围人发生交互式影响的“电子花”

2006 年 成为麻省理工学院的传媒实验室的机器人生命开发团队的负责人，继续从事机器人“列奥纳多”的发明

扩展阅读

图书：

辛西亚·布雷泽尔，《社交型机器人的发明》，剑桥：麻省理工学院出版社，2002 年。该书以著名的机器人“科斯麦特”为焦点，介绍了关于社交型机器人的许多发明细节与重要参数，包括它在与人类交往时体现的感觉上的、动机上的、情感上的、行为上的以及面部表情系统。

罗德尼·布鲁克斯，《人体与机器：机器人如何改变我们的生活》，纽约：帕森书局，2002 年。辛西亚·布雷泽尔的导师罗德尼·布鲁克斯在书中描述了他的相关研究，并运用多层行为结构图，介绍了“固定的”与“物化的”机器人概念的产生。

文章：

亚当·科恩，《机器营养师》，《时代》杂志，2000 年 12 月。文中有辛西亚·布雷泽尔的专访，并介绍了科斯麦特的相关背景知识。

克劳地亚·德雷弗斯，《制造擅长交际、脸上时常挂着微笑的机器人是一种激情》，《纽约时代》，2003 年 6 月 10 日。关于辛西亚·布雷泽尔的另一次专访。

道格拉斯·维诺特、费纳拉·桑德斯，《热爱人类的机器人》，《探索》杂志，1999 年 10 月，第 66 页。回顾了与机器人“科斯麦特”的初次相遇。

网站：

“辛西亚·布雷泽尔”，网址：http://web.media.mit.edu/~cynthiab. 自 2005 年 9 月 3 日起可在线访问。麻省理工学院传媒实验室的机器人生命团队的主页；其中包括了研究的摘要，以及一些可下载的科斯麦特的相关视频。

“机器人生活”，网址：http://robotic.media.mit.edu. 自 2005 年 9 月 3 日起可在线阅读。麻省理工学院传媒实验室的机器人生命团队的主页；其中简要介绍了所要完成的任务以及正在进行的研究计划，包括机器人“列奥纳多”(一种社交型机器人)的设计情况。

9 机器人革命家

——汉斯·莫拉维克与机器人技术的未来

个人电脑的使用者们常会发现：每过几年，新技术就出现了——Windows 或是 Mac 系统、桌上电脑或是膝上电脑等等。每一台新的个人电脑的制作成本往往略低于其估算成本，而且电脑的处理速度与内存也似乎是前一代电脑的两倍。

汉斯·莫拉维克已经在机器人技术的许多方面作出了重要贡献，包括可视系统与导航系统。而今，他可能最为人熟知的还是他对未来机器人技术的高瞻远瞩，以及对生活在一个充斥着智能机器的世界的人类命运的深入思考。

卡内基·梅隆大学的机器人研究专家汉斯·莫拉维克（Hans Moravec）已经写了好几本书了，第一本就是《问题儿童》(1988)，而现在的关注点则放在机器人身上。尽管现实世界中对机器人处理程序的要求要远远高于电脑软件的技术含量，莫拉维克还是相信，机器人的增长速度正在渐渐赶上个人电脑的增长态势。这意味着现在的一个高中毕业生在退休的时候，很可能拥有一个智力与人类不相上下的机器人助理。除此之外，莫拉维克还建议，最高级的机器人能够超越人类的智力水平——两者之间的距离就像人跟黑猩猩的一样。

在家中与机器人相伴

1948 年 11 月 30 日，汉斯·莫拉维克出生于澳大利亚的考森。他的父亲是一个电子技师。1954 年，莫拉维克举家搬至加拿大的蒙特利尔，在那里，莫拉维克度过了童年的大部分时光。

10 岁的时候，莫拉维克就造出了自己的第一个机器人。它主要是由锡罐制成的，虽然简单，却布满了灯光，还装有一个电力发动机。上高中时，莫拉维克设计了一种能够受光源导引与机器人手臂的程序控制的移动型机器人，为此还获得了科学展览会的奖励。

莫拉维克的大学毕业设计就是程序与控制型机器人系统的研制。当时，电脑仍然显得十分笨重，无法塞入一个机器人的体内，但机器人却必须由电脑控制。1969 年，莫拉维克从加拿大新斯科舍的阿卡迪亚大学毕业，获得数学学士学位。

1971 年，莫拉维克获得温斯顿·安大略大学的硕士学位，他的硕士阶段的毕业设计是一个由微型电脑控制的机器人，它有着灯光与其他能对环境做出反应的感应器。莫拉维克的硕士论文的主题是对 LISP 语言的进一步阐释，这也是一种运用最广泛的人工智能的程序语言，对机器人设计来说再有用不过了。

车型机器人

1971 年，莫拉维克从加拿大移居到美国，在斯坦福大学待了 10 年，斯坦福大学是当时美国顶级的机器人研究中心。到 1973 年为止，莫拉维克在机器人“斯坦福汽车”的进一步设计中担当重任，这是一种能够远程控制的、装有轮子的机器人，看起来就像由 4 只自行车轮撑起来的小桌子。这种机器人能够将图像从电视摄像镜头发往电脑中去。高级防御研究计划协会(DARPA)、国家科学基地与国家宇航局共同成立的一项基金表明，移动机器人技术正渐渐为人接受，并且拥有无限可能的领地。

这种车型机器人的控制程序有着数种子程序。一种叫兴趣导引器，试图在车上的照相机拍摄的一堆照片中识别其“主要兴奋点”(例如一些指示物体的边缘与潜在障碍物)。接着，相关器便开始寻找与另一张图片的相似点。接着，图片处理者将两幅图中的移动位置分成 3 份，以便对目

亲历者说：　　　　莫拉维克——电脑黑客

像斯坦福车(或者其他的包含有各种图表的)这样的机器人,盼望着一个大规模电脑时代的到来。但不幸的是,电脑动力的缺乏(比当今的一台简单的桌上电脑要少多了)却成为所有研究者的共同问题。与麻省理工学院的其他同事一样,斯坦福车的电脑操纵人员为了迁就机器上的"时间"而设置了特殊的钟点。"黑客"一词意味着这样一个过程:发展一种复杂的技术,从机器中抽出有用的最后一个字节。

在与大多数的黑客的较量中,莫拉维克走得更远。在70年代末,他在斯坦福智能实验室(SAIL)花了大量时间研究计算机科学,以至于不得不在高大的水泥森林间安了一间小屋子,时常披星戴月地解决电脑系统的诸多问题。

莫拉维克还时常通过电脑网络安排朋友给他带食物,这样他便节省了离开屏幕去吃饭的时间。客观说来,莫拉维克的古怪行为给人的印象还不是最深的,当他把头脑风暴带到同事跟前,造成一股强大的旋风时,才给人留下极为深刻的印象。罗德尼·布鲁克斯描述说,这些风暴包括空间升降机、大型平行处理电脑,甚至是将人类感知能力转换为机器的转换器等等。

标物体与兴奋点之间的距离作出明确判定(这也是人类的眼睛在极短的时间内完成的过程)。

障碍目标一经识别,并被定位之后,导航系统便计划着一条通往目的地、且能避开一切障碍物的道路。这条道路被分成一种驱动指令,在这种指令下,"卡特"(斯坦福车)能沿着这条道路前进大约3英尺(1米)的距离。接下来,另一个系列的相片也被拍摄下来,直到"卡特"到达目的地,否则这一系列过程就不会停止。只要相关的微型电脑的速度降了下来,也就意味着卡特正在持续前进,每个动作之间都有10—15分钟的间隔。

"卡特"是第一个能够在障碍物间自发寻找行动路线的移动型机器人,但如果我们进入它的真实世界,用它的眼睛看,则会发现根本没有多少目标物体,甚至连接线框都没有。更确切地说,它身上倒是有着一串串,或者说一团团的云状东西,通过一种粗犷而毫无细致感的方式,模糊了障碍体的轮廓。当“卡特”不费吹灰之力地走过满是障碍物的房间之后，它却时常会错误地判断物体的方向，或是在一个较为狭长的空间内进退维谷，重复地进行着一切徒劳的努力。如果物体的边缘区别不明显的话，照相系统也会同样丧失识别物体的能力。

上图是一张斯坦福车示意图，摄于70年代。虽然看起来不甚美观，却着实是移动型机器人的导航系统的实验温床。

机器人工具

1980年，莫拉维克离开斯坦福，进入匹兹堡的卡内基·梅隆大学(CMU)继续做科研。1985年，他被提拔为高级研究专家，1993年又成为首席研究专家。在卡内基·博隆大学开始的第一个计划中，莫拉维克开始研制斯坦福车的后辈机器人——“CMU漫游者”。与斯坦福车不同，这种机器人能够负载上一打以上的电脑程序，而关键的图像处理程序则仍由一台微型电脑远程控制着。除了配有电视摄像头以外，“漫游者”还包括一种红外线与声呐感应器，它大概有3英尺(1米)高，198磅(90千克)重。新的图像处理排列装置能够以超过过去100倍的速度，对图像进行相关分析。

1984年，莫拉维克与他的团队一起，为移动型机器人技术设计声呐导航系统。而声呐虽能提供远程距离的相关信息，却不能对30°之内的物体作出准确定位。莫拉维克与研究生阿尔伯托·艾弗斯(Alberto Elfes)设计了一种躲避障碍物的特殊装置。机器人附近有一个三维空间格，通过此格可以获知附近是否存在某个特殊的物体。而结果也可能会接连不断地从一张可能性图表中产生出来，而图像上的内容则会将声呐与可视数据结合起来。最后，一种新的运算法则也产生了。机器人可以将这种运算法则同一种模拟的图表相互比较，从而进一步改进制图的能力。从根本上说，所有这些过程的最终结果是：机器人在主观上并没有刻意避开障碍物，而是判定出一条自由的独立的路线。到了90年代早期，新的超级电脑例如CM-5(“连接机器”)提高了这种建立在空间格基础上的导航系统的准确率，同时也预示了接下来的10年中将要取得的进步。

莫拉维克所在的卡内基·梅隆实验室也在进行着一系列的自我控制装置的研究。最早的是1984年诞生的"特里盖特"(Terragator)，它滚动的速度接近于慢跑，大约每秒3英里(1米)。不过有时候，这种远程控制的电脑一碰到路边的树就会犯迷糊，甚至把它当作路，试着爬上去。

1986年，新型机器中的打头者"纳乌拉伯"(Navlab)诞生了，它是一个大的蓝色的卡车，其中装满了整整一车的电脑装置。它有着自己的一套运算法则，能稳妥地计算出前面的路与周围的环境之间的边界。渐渐地，它加快了在路上的速度，最高时速能达到一小时20英里(32千米)。

1990年，"纳乌拉伯2号"(Navlab 2)机器人诞生了，它启用了一个新的导航系统，通过展示汲取自人类旅途中的模拟行为或是录像资料，驱动一个神经网络。

1995年，新一代的"纳乌拉伯5号"(Navlab 5)机器人完成了一项壮举，它从华盛顿出发，以每小时62英里(100千米)的均速，穿越平原大陆，抵达加利福尼亚的圣地亚哥。到了现在，所有对电脑的动力的要求基本都可以通过一台普通的笔记本电脑就可以完成。(对计算的需求也大大地减轻了，因为代表道路的角度与曲线的道路模型与无线导线的相关资料储备也已相当丰富。)人类驾驶员的反应时间也缩减了2%。

对机器人来说，更为艰难的驾驶挑战来自高级防御研究计划办(DARPA)所赞助的年度比赛。比赛全程长达132英里，而且是一条穿越莫哈韦沙漠与山区的崎岖不平、弯曲缠绕的艰难之路，这一设计想必是受到阿富汗或是伊拉克战争中的军事行动的启发。

在2004年的年度竞赛上，没有一个参赛的机器人能够走完全程。但在2005年的10月，23个不知名的机器人神奇地抵达了终点线，胜利者是由斯坦福大学的代表团队设计的大众汽车型SUV，名叫"斯坦利"(Stanley)，它有着激光装置、照相机与其他感应器，这些都是由随车携带的电脑全程控制的。

摩尔定律与机器人智慧的探寻

莫拉维克不仅仅是一位杰出的机器人技术的先锋者，还是一位畅销书作家，他所写的《问题儿童：未来的机器人与人类智力》(1988)与《机器人：仅仅是对卓越大脑功能的模仿》(1999)，都提供了关于机器人技术的未来的前瞻性思考。为了更好地了解莫拉维克的预言，我们还是有必要先来看看电脑动力经历了一个怎样的提升阶段——看看当它到达某个制高点时，机器人的智商会不会超越人类。

科学成果：　在驾驶座上

卡内基·梅隆大学所进行的研究工作与其他地方的机器人驱动系统，都有着许多潜在的价值。只要系统最终有足够的安全系数，善于自我控制的汽车将会极大地改善这个国家最普遍的交通工具——汽车。特殊的高速公路线将会被独立出来，供自动驾驶的汽车使用，电脑则加以调节，使整个交通状况平稳、有序，并使汽车在油量充足的状态下前进，整个过程达到最优化。而原先的人类司机则转为乘客，可以在车上做自己的事情，也可以悠闲地欣赏沿途的风景。

20世纪90年代后期，国家自动化高速公路系统研究规划(一个由政府机构和私人企业组成的协会)发表声明，声称设计那种自动控制的汽车是非常有必要的。但尽管愿望很好，前方的道路却仍是困难重重。举个例子，如果这些特殊的汽车驶出高速公路，进入人流滚滚的大街，又会发生怎样的情况呢？一般说来，自动控制装置与人力驾驶的司机在交流方面还存在着一些问题：最近一项对“纳乌拉伯”(Navlab)的测试表明：在面对各种复杂的道路状况时，电脑的反应比普通司机快得多；但要让它们预测那些突如其来的疯狂的驾驶，那就勉为其难了。

自动驾驶研究的最可能、最实用的结果就是使这项技术成为正常驾驶的辅助工具，而不是完全取代人类的司机。未来的若干年中，一种复杂的“巡游”控制系统将投入使用，它们将时刻提醒那些开车时三心二意的司机别把车开到别的路上去，或是与别的车离得太近。有了它们，一触即发的交通事故将大大减少。

让我们再来看看莫拉维克2003年提出的观点吧。他为电脑化机器行业协会写的一篇论文中，承认20世纪70、80年代的机器人研究者低估了人类大脑所拥有的巨大的可视处理能力。在这20年中，那些走在科学前沿的实验室开发出来的功能强大的电脑只能在每秒钟处理百万条指令，莫拉维克声称：

“尽管这些新的怪异的计算法并未达到预期效果，我们仍然在感觉能力与导航能力上获得了弥足珍贵的经验。我们的祖先花了数亿年的时间，在寻找食物的激烈竞争中一路领先，不断躲避危险，保护后代。而现在对机器人实施控制的电脑在完成这项重大任务时，却显得力不从心。”

莫拉维克图

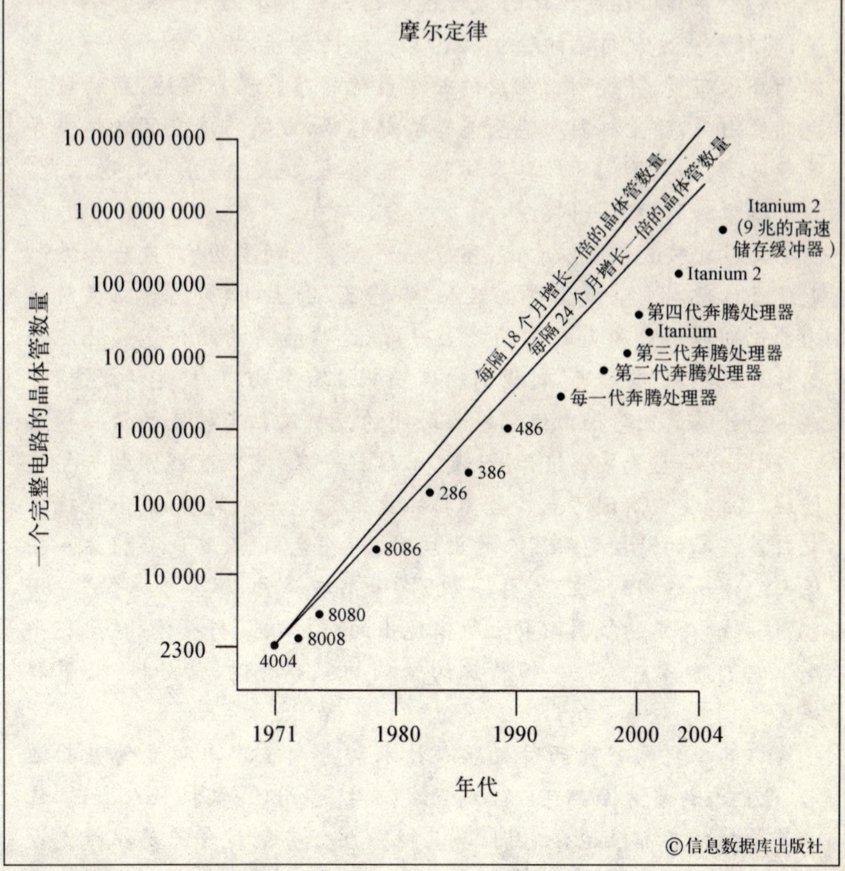

上图是汉斯·莫拉维克对20世纪50年代以来机器人技术进展的分析图。处于图上相应位置的动物也能在生物智能方面表现出一定的相似性。

争论焦点： 莫拉维克与布鲁克斯

单纯的电脑处理的动力研究并不是研究类人型机器人的智能的决定性因素。这些处理在机器人体内的组织方式也同样值得重视，也许正是它们使一个能够协调各部分工作的机器人摆脱了一个简单机器的地位，成为一项包含无限可能的东西。

罗德尼·布鲁克斯和汉斯·莫拉维克都已在制造复杂的机器人的领域中作出了杰出的成绩，他们设计出的机器人不但具备导航系统，还能与一个复杂的、时刻处于变化中的环境发生作用。莫拉维克的研究主要集中在可视化的处理过程与三维模型的制作上。举个例子，莫拉维克发现自己的除尘器具有一定的智能，能够分析每一个房间的具体布置，并规划出相应的效率最优的路线。渐渐地，新的技能也开发出来，除尘机器人甚至能够捡起脏物，或是将凌乱的物体整齐地放好(例如孩子们的玩具)，同时还能擦洗、拖地、给东西打磨上光，将那些难缠的污渍一网打尽。

通过比较我们可以看出，罗德尼·布鲁克斯发明的“包含体系”，也就是体现在真空吸尘型机器人“鲁姆巴”身上的特色，建立在对行为的识别和执行能力的基础之上，通过这些能力的结合完成既定的工作。机器人“鲁姆巴”对周围的环境并没有全局的、整体的概念，它也不会计算最优路径。但它将长时间的随机清扫与特定的清扫模式(边缘探测与盘旋式前进)结合起来，这样一来，它既能照顾到一整块区域，又能集中清理污点。当莫拉维克注意到一个简单的、不过技术在日益提高的清扫型机器人的出现时，布鲁克斯(及其同事科林·安格与海伦·格雷纳)在《人体与机器》一书中声称，不要小看像“鲁姆巴”这样的简单的机器人身上所体现出的“聚集性”与整体的“生态平衡”，它们能够完成每一项特殊的繁琐的家务劳动，诸如擦洗、攀爬等等。

当两个科学家的两种机器人技术的走向呈现出明显的差异之后，他们在许多方面都可以互补互成。对“鲁姆巴”型机器人来说，许多简单的任务都很适合它们，而其他一些任务则适合像莫拉维克设计的这种看似简单、实则复杂的机器人完成。举个例子，一个军队需要营救受困人员，解除威胁，但那块地方埋着许多地雷或是其他临时装上的爆炸装置。此时此刻，一个简单的机器人组合或许能够寻找到并识别出这些地雷与炸弹。而一个复杂的机器人则会前去探测每一个装置，判断适宜运用哪一种工具，然后再安全地解除武装。在实际应用中，许多机器人的设计都运用了从上至下的、集中在中点的，或是从下至上的各种不同技术。

人眼的视网膜上聚集着几百万的细胞，它们能够探测出物体的边缘，在此基础上做出反应。在一个简单的估算的基础上，莫拉维克总结出，20 世纪 90 年代后期出现的超级电脑所具有的 1000 个 MIPS（每秒百万条指令）与视网膜及眼神经上发生的处理过程相比，完全称得上是小巫见大巫，更不要说人脑本身了，它每秒所处理的指令甚至与 1000 万个 MIPS（大约每秒钟 100 万亿个指令）相当。通过比较，莫拉维克估算说，一个 2003 年产生的桌面电脑模型所具有的处理能力与一个昆虫的神经系统所具备的功能差不多。

在电脑与人脑之间体现的巨大鸿沟之间，摩尔定律也发挥着作用。先锋科学家古丹·莫尔（Gordon Moore）经过充分的论证与观察，发现电脑碎片每隔 18 个月或是两年就会翻一番。如果这种趋势一直进行下去的话，莫拉维克相信计算机（及其助理机器人）能在 2040 年达到接近人脑的信息处理能力。由于这种增长呈几何型（双倍增长），在 2040 年之后，人脑恐怕就要被电脑给比下去了。

下一代机器人

当今的机器人，即使使尽全力，也只能做一些有限的事情。它们都是某一方面的专家。莫拉维克提出，到 2020 年前后，第一个真正的“通用型”机器人可能会诞生。正如电脑是一个通用机器一样，电脑既能在给出合适指令的情况下，做出各种各样的计算，一个通用型机器人也能在收到相关指令后，在家里做一些打扫与整理工作，例如洗洗盘子、修整草地、清算仓库存货，甚至是与孩子们玩耍。莫拉维克发现，第一代通用型机器人拥有的 1 万个左右的 MIPS 处理能力与其“头脑”所具有的复杂性已经达到了一个蜥蜴的水平。

第一代通用型机器人将在一个更受限制的环境下工作。随着导航系统的发展，它们将会更熟悉周围的环境，但是它们仍将按部就班地完成工作任务。莫拉维克敏感地意识到，拥有 3 万个 MIPS（几乎与一只老鼠的大脑功能等当）的第二代通用型机器人即将诞生了。第二代机器人将会具备更多的学习与处理问题的“参数”，这将大大加强工作的完成质量，使

蚂蚁型机器人

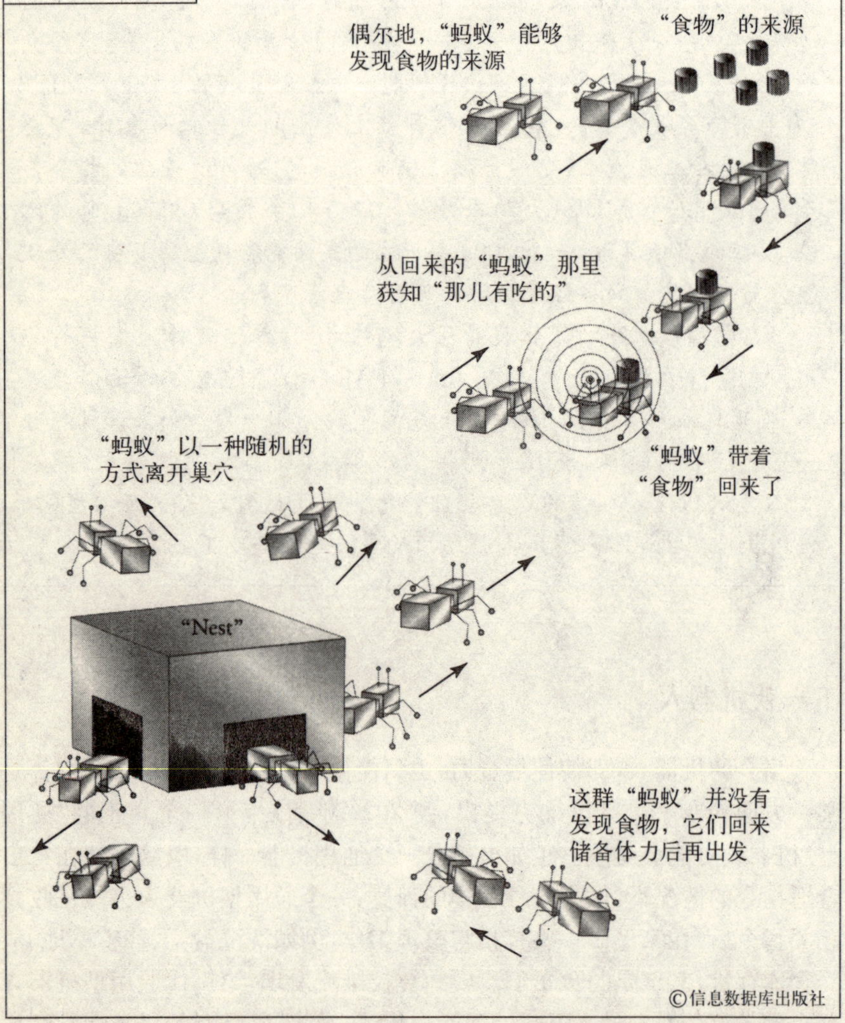

总有一天，人们能设计出一群蚂蚁状的机器人，它们能够齐心协力地完成一项任务。在以上示意图中，机器只组织了一次寻找“食物”的活动。

其达到最优化(这里的“最优化”似乎意味着一种高效率、低耗能与低风险的结合)。

莫拉维克想象中的第三代机器人(拥有1000万个MIPS,其头脑功能与一只猴子相当)的认知能力比起前辈来说,还将有一个大的飞跃。它们将被安装一个包含物理学的数据库。这一数据库可以给它们提示人类的一些应用法则,并会指向具体的物体以及一些人类的心理学与行为。

第四代机器人将会拥有与人类水平相当的信息处理能力(3亿个MIPS),即使是抽象的指令,也能执行无误。它们在各类地方都能甘之如饴,在其中它们也能最终发现自己。

与此同时,退回到仓库中去

到了2003年时,莫拉维克已成为一名声名卓著的科学家,同时也是一位具有很强的解决问题能力的未来派学者。在与发明家、人工智能的先锋学者雷·库兹威尔(Ray Kurzweil)的交流中,莫拉维克也时常想到一些未来机器人的形象,例如一种能够为人们提供所需服务的机器人,但更有想象力的还是将人类的思想灌输到类人型机器人中,使之具有超级智慧等等。莫拉维克与库兹威尔的谈话作为讲座内容,受到了人们的欢迎,也引起了媒体的极大兴趣,但莫拉维克接下来还是接受了一次现实的挑战,这使许多人都大为惊奇。

说到底,机器人不需要比人类更聪明,但它们必须对人类有用。在《美国科学》杂志的一篇文章中,莫拉维克称自己曾设想过开发能够自我导航的移动型机器人,这种机器人将会在下一个10年中大放异彩。为了完成这一目标,莫拉维克于2003年成立了SEEGRID公司。(他在接受《美国科学人》记者希普·沃尔特的采访时说:“我觉得时机到了,我们已经掌握了足够的电脑动力。”)

1998年,高级防御研究计划协会为莫拉维克的研究提供了97万美元的资助,莫拉维克理想中的高级移动型机器人可视系统的开发也渐渐成形。到2002年为止,一套成功的系统已完全展现在公众面前。

SEEGRID公司生产的第一件产品是一辆运货卡车型机器人,它的基本理念是:使用者将它带到所需的位置,这样它便能拍摄三维图像,并计算从一个点到另一点的安全路线。这一机器人能够在不同位置之间自动游走,并且等待人类随时装载或卸载。它上面的复杂的三维成像图形

社会效应：　在技术方面出类拔萃？

想生产更多更激进的机器人的理论家(从某种意义上说，包含莫拉维克，甚至罗德尼·布鲁克斯)之间共同分享着一种新的未来主导的哲学，这种哲学的基本组成部分中有一种坚定的信念，那就是——人类会进一步掌握机器人制造技术，并将这种技术发展为精神上的能力，最终实现对具体事物与能量，甚至是不朽的东西的控制。这种哲学的部分追随者们会将这种高级的机器人技术视作建造一种新的物种形态，也就是说，将人类的思想传递或者移植到机器人的身体中去。其他人则更倾向于将目光集中在基因学以及克隆等技术的研究上。微型技术或者说设计密集的原子组合的物体的技术，同样被视作能够超越能量与自然能源的手段。

熵可以视作宇宙中的一种生生不息的物质，它会带来一系列有用的信息能源的损失。物理学上认为熵是宇宙的最终形成物质。因此，它的身上也代表着一种矛盾的趋势：一种具备开放式结果的、潜在的、有限的信息、能量、知觉等等正处于增长态势。与此类似，这种哲学的追随者也乐于看到当今人类的体力与认知不断地超越固有的限度。

这些哲学并不是什么新玩意——说到底，它们是对德国哲学家弗雷德里希·尼采(Friedrich Nietzsche)的回应。尼采鼓吹“超人”的到来，鼓吹一种叫“专家政治论”的政治运动，这种政治论在20世纪中期曾起到过极大的影响。而上述的哲学则声称，制造杰出人类的技术已经为人们所掌握。他们还说，人工智能、高级机器人与基因质量高的人类将很快诞生于世，无论你信或不信，人们将会思索如何运用这些智能技术——事实上，我们可以通过它们提高人类智能，这样我们才能更好地应付它们。

系统能够自动地更新它的内在地图，并能根据需要计算出新的路径、新的旅程。莫拉维克在《美国科学》上发表的文章中写道，他看到了这种机器人的其他装置，包括清理房间的工具。SEEGRID公司与E-P设备公司宣布，这种技术第一次是在清理仓库的机器人“斯玛特拉克”(Smarttruck)身上体现的，时间是2005年1月。

这种机器人有着一个潜在的巨大市场。当今这个时代，工厂里的工人必须运用手推车或是升降机才能将货物运入或送入仓库，非常吃力。一些现存的自动控制装置（例如大型的亚马孙书店所使用的）则是固定传送带或是导轨。这样的系统一遇到不明来源的物体的移动，路就完全被堵死了，而且它们也不太容易根据工作需要重新装配。莫拉维克发明的机器人搬运工能够在一堆障碍物中找到自己的道路。如果仓库或是工厂的布局产生了变化，机器人也二话不说，沿着新路径与指派好的新传送点继续“行走”。

前景展望

现在，莫拉维克仍旧担任卡内基·梅隆大学的移动型机器人实验室的负责人，负责指导机器人可视系统与其他装置的革新计划。他还同时是一系列著名的计算机与机器人技术公司的顾问，并担任海军研究的长官，在各个大学与大型会议上都发表演说，十分抢眼。

当《美国科学人》杂志的记者希普·沃尔特采访莫拉维克，询问他如果有一天机器人的智慧超过人类，人类该如何应对时，莫拉维克回答说：“似乎那就像99%的物种灭亡了一样。”这是否就是人类的命运呢？也许是这样。但是莫拉维克还提了一个相反的可能性。他将未来的机器人称作“问题儿童”，并进一步解释说，高级机器人会为失去亲和力与责任感的人类提供帮助，就像孩子们试着为他们那上了年纪的父母提供需要一样。也许所有的人类需求都将被满足，除了那些觉得自己有用处的“感觉”。这才是理智而清醒的想法。

生平年表

1948年	11月30日，汉斯·莫拉维克出生于澳大利亚的考森
1953年	莫拉维克全家搬到加拿大
1958年	10岁的莫拉维克发明了生平第一个移动型机器人
1965—1967年	在罗约拉大学读书
1969年	从新斯科舍的阿卡迪亚大学毕业，获得学士学位

1971 年	获得温斯顿·安大略大学的硕士学位 此年搬去美国，进入斯坦福大学，在那里他进行了“斯坦福车”的相关研究
1980 年	斯坦福大学授予他博士学位 在卡内基·梅隆大学开始了新的职业生涯，并参与组建了移动机器人实验室
20 世纪 80 年代	为梅隆大学的机器人漫游者担当设计师，这是经过改良后的“斯坦福车”
1984 年	与学生们一起，研究一种以声呐为基础的导航系统
1988 年	在《问题儿童》一书中发表预言，与人类水平相当的机器人在一两代人内即将出现
20 世纪 90 年代	数种型号的机器人“Navlab”表明，机器人控制的车辆能够在真正的道路上行进
1998 年	在《机器人：仅仅是对卓越大脑功能的模仿》一书中，再次展望了机器人的未来
2003 年	参与创立了 SEEGRID 公司（与斯科特·弗莱德曼一起），进一步研究产业用移动型机器人
2005 年	SEEGRID 公司宣布，机器人“斯玛特鲁克”(Smarttruck)将被投放在仓库进行工作

扩展阅读

图书：

罗德尼·布鲁克斯，《人体与机器：机器人是如何改变我们的》，纽约：帕森书局，2002 年。布鲁克斯的机器人理论与实践给莫拉维克的研究提供了一个绝好的佐证。这两位科学家在许多理念上有着共同之处，但在手段或是态度上却显露出很大差别。

汉斯·莫拉维克，《问题儿童：机器人与人类智能的未来》，剑桥：哈佛大学出版社，1998 年。莫拉维克预言，在人工智能领域将会开始一次巨大的革新，这场革新之后，人脑与之相比也会大为逊色；不过，书中并未提及下一个十年将取得的具体成果。

汉斯·莫拉维克,《机器人:仅仅是对卓越大脑功能的模仿》,纽约:牛津大学出版社,1999 年。莫拉维克再次详细地提出对高级机器人的设想;同时提出,到 2040 年,机器人的智力将达到人类的智力,到 2050 年时甚至会超越人类智力。

文章:

汉斯·莫拉维克,《一切总归是机器人》,《ACM 通信》,第 46 期(2003 年 10 月),第 93—97 页。可在线阅读。网址:http://www.frc.ri.cmu.edu/hpm/project.archive/robot.papers/2003/CACM.2003.html. 自 2005 年 9 月 10 日起可在线访问。书中回顾了最近几十年中机器人技术的发展,开始较为沉寂,而现在则欣欣向荣起来。

汉斯·莫拉维克,《斯坦福车与监控漫游者》,卡内基·梅隆大学机器人研究所,1983 年 2 月。可在线阅读。网址:http://cart.frc.ri.cmu.edu/users/hpm/project.archive/robot.papers/1983/ieee83.mss. 自 2005 年 9 月 12 日起可在线访问。在这篇文章中,莫拉维克介绍了 20 世纪 70 年代与 80 年代早期,在发明两种移动型机器人的过程中,自己所做的工作。

《斯坦福团队获得机器竞赛的冠军》,MSNBC 公司,可在线阅读。网址:http://www.msnbc.msn.com/id/9621761. 自 2005 年 10 月 19 日起可在线访问。描述了 2005 年在莫哈韦沙漠进行的 DARPA“重大挑战赛事”。

希普·沃尔特,《你是机器人》,《美国科学界》,第 292 期(2005 年 1 月),第 36—37A 页。介绍了莫拉维克新成立的机器人公司 SEEGRID 的一些情况,同时也介绍了莫拉维克对未来一代机器人的设想。

网站:

“EXTROPY 中心”,网址:http://www.extropy.org. 自 2005 年 10 月 12 日起可在线访问。这是一家试图通过各种科学技术(包括机器人技术)不断超越人类的局限性(甚至超越死亡)的组织。

“汉斯·莫拉维克”,网址:http://www.frc.ri.cmu.edu/hpm. 自 2005 年 10 月 10 日起可在线访问。卡内基·梅隆大学的主页;其中包括莫拉维克曾经进行过的机器人计划的存档记录,同时也记录了他对未来机器人的思索。

10

电子人的奥德赛之旅

——凯文·沃维克对有限之人体的超越

“我们能够重建它，因为我们已经掌握了基本技术。我们有制造世界上第一个仿生学意义上的‘人’的实力。斯蒂夫·奥斯丁就是这样一个仿生的人。在它之后还将有更好的被制造出来。它们将变得更优秀……更强壮……更迅速。”

在1970年代的电视剧《拥有六百万美元的人》中，一个在一次撞机中残了一条腿的实习飞行员接受了仿生假腿的移植，此后竟然成为拥有秘密武器的精明代理商。30年后，世界上还没有人能在一小时内跑过60英里，或是徒手举起汽车。但有研究者已开始试图改进人类神经系统，将它与机器人的制造结合起来。他们的设计在提高速度与力量的意义之外，还包含了更加有趣的内容。2002年，英国仿生学研究者凯文·沃维克(Kevin Warwick)第一次通过植入神经系统，对机器人进行控制，并与其他机器人之间进行神经信号的交换。

科学、足球与机车

1954年2月9日，凯文·沃维克出生于英国的考文垂。尽管他的父亲是一名教师，但祖父却只是威尔士的一名矿工，全家人十分努力工作，希望能够进入中产阶级的行列。

年幼的时候，沃维克就对英式足球十分好奇，并且极为感兴趣(如果可能的话，他将成为一名极有天赋的业余足球运动员)。当他8岁的时候，父亲得了严重的广场恐惧症，处在空旷场地时会变得极为恐惧。他不得不在家休养，而任何治疗在他身上都收效甚微。主治医生不得不考虑进行一次神经手术（在这期间，针对心理问题采取的大脑恢复疗法比起现在来更为流行）。

外科医生在沃维克父亲的头部开了一个小小的口子，切断了一些神经联系。手术过后，广场恐惧症也从他的大脑中完全除去了。在自传《我是仿生学》一书中，沃维克回忆说："父亲的病与随后的治疗第一次在我心里引起了震动。我开始冷静地思考我们的精神在经历着怎样一种过程。"沃维克对神经学的兴趣最终促使他在这方面做了许多革新性的研究，开创出累累硕果。

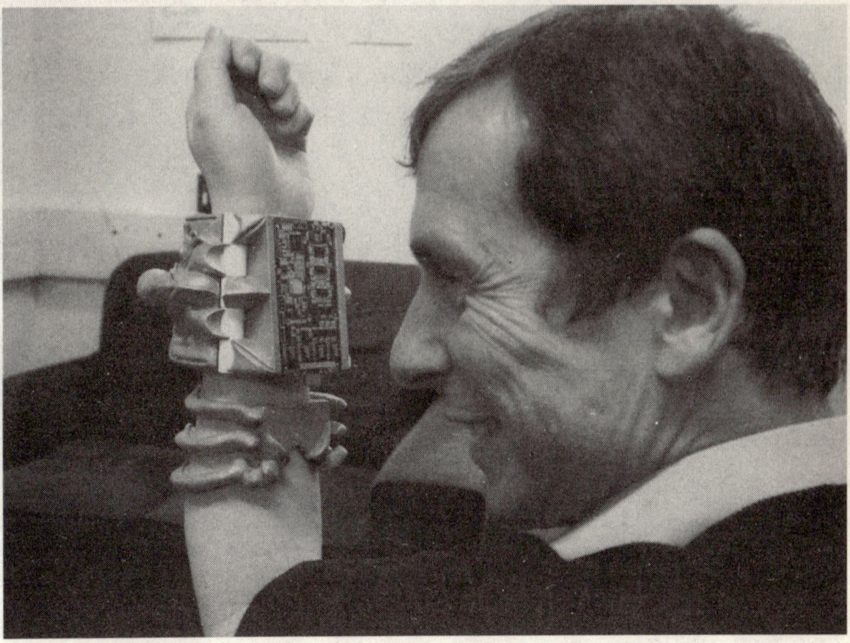

机器人研究专家凯文·沃维克举起了他的仿生手臂。移植缝口本身是看不见的。沃特克的一个朋友还设计了一个有着电路界面的金属手套。

在语法学校上学时，沃特克对科学技术就分外感兴趣。他很喜欢在电视上看一些科学节目，并读一些关于著名科学家诸如米歇尔·法拉第(Michael Faraday)与汉弗莱·戴维斯(Humphrey Davies)如何有新发现的书。在他的整个青少年时期，这种兴趣扩展到对科幻小说的热爱，其中就有英国电视剧《医生与达雷克斯》。剧中描写了地球被一群怀有恶意的机器人入侵。沃维克并不是书呆子型的人，他更喜欢与劳作班的男孩子们保持同步，例如为考文垂足球队提供赞助，或者挣上足够的钱买一辆自己的摩托车。

研究世界与研究大学

高中毕业之后，沃维克仍然遵循着劳作班的训练途径。他没有进大学，而是在英国电信公司当学徒。这项工作不仅是对智力水平的挑战，也是对劳动强度的考验，例如挖洞、爬电线杆等等。工作之余，沃维克仍没有放弃大量的阅读。他最喜欢读的书是一本由米歇尔·格里顿(Michael Crichton)写的科幻小说《终端人类》。在这本小说中，外科医生试图对植入的神经细胞进行电路控制，从而改变一个罪犯的行为方式。当然，最终结果很糟糕，但是沃维克却思索着，这种技术能不能在现实中得到安全的开发和利用。

最终，沃特克发觉自己的电信学徒生涯渐渐走到头了。他获得了技术证书，并通过了入学考试与一些其他的技术课程，终于在 1976 年成为英国伯明翰阿斯顿大学的一名学生。入校之后的头 3 年对他来说是非常充实的，尽管他已经结了婚，他和他的妻子西尔维娅不得不节约开支，以维持学业和生活。1979 年，沃维克获得了研究生学位，并继续在伦敦的皇家学院求学，最后拿到博士学位。为了做博士论文，他研究了监控并纠正工业产品自动化系统的几种方法。

一年之后，他成为纽斯卡尔大学的一名讲师，同时兼任牛津大学的课。不过沃维克并不满足，他决定寻求一个永久性的教职。当他发现英国雷丁大学有一个控制学教授职位空缺时，沃维克十分兴奋与期待。到 20 世纪 80 年代为止，控制论——这门由诺伯特·维纳创立的关于交流与控制的科学，并不是一个简单的整齐划一的学科。相对而言，对电脑系统与机器人技术的研究似乎已从电脑科学与电子机械工程科学中分离出来，自成一体。但对沃维克来说，控制论所蕴含的各种因素、各种联系是他最感兴趣的，特别是以下几个关键词：系统、控制、交流、计算，甚至是生物学。1988 年，沃维克申请并获得了雷丁大学的控制学教授职位，并一直任职至今。

产量大为增长

在担任雷丁大学控制论教授期间，沃维克主持了（或者说卷入了）一系列出于生计考虑的机器人计划中。沃维特曾经设计了一种能够监测并诊断自动控制系统中的错误的软件，但这个成果却被人窃取了。显然，这样的系统对他们来说有着巨大的实际利益，因为其中最大的生产力伴随着最小的消耗出现，产量也因此达到最大化。

沃维克的成果之一便是成功地对一种神经网络加以应用，他能用这种网络渐渐地认清产生消耗的因素或者是数据。通过另一种获知问题的方式，神经网能够寻找（并加强）一些能够带来高效并不受干扰的生产效率的特殊条件。在沃维克与一些制造商合作之后，他开发出的软件甚至能够监测到工人对自动控制机器的管理程度，从中指出工人之间的工作差别。

给残疾人提供帮助

长期以来，沃维克一直都对人体的机械功能与他们能够取得的潜在的进步十分感兴趣，这也使他心中的一个念头愈来愈明晰。他想发明一种能够帮助残疾人的装置。由于这种念头，他和雷丁大学的其他同事一起，首先研制了一种平台，上面能放置普通的轮椅。接着，通过一个操纵杆就能促使平台移动。平台上装有超声波感应器，随时会给出紧急信号，例如："小心！左边有障碍物！"

一天，控制学的研究人员们将轮椅台带到雷丁的阿维纽学校，这是一所为特殊儿童建立的学校。沃维克与其他研究者在驾驶这一平台的时候，觉得很是尴尬，因为它看起来实在不像人们所习惯的那种自动控制的移动装置。他们还担心，残疾儿童在使用这些奇怪装置时，行动会不会变得比先前还窘迫。

但他们的担心是多余的。第一个尝试它的是一个患有脑瘫的残疾儿童。他坐上椅子，驾着它飞快地在房间里开，一切障碍物都对他不起作用。这一场景对沃维克来说印象很深，他从此明白残障人比起正常人来，对新技术的适应能力更强，因为后者几乎从来没用过辅助器材。

20 世纪 90 年代后期，沃维克与他的研究团队想尽一切办法，开发新的网络工程，绘制新的技术地图。他们所做的一切只有一个目的，那就是使残疾人也能够在家里独立地做自己想做的事。在他们开发的"家庭智能系统"中，无论是门、窗，还是灯、加热器、电视器这样的家具，每个上面都连接着一个具有控制能力的处理器，这个处理器的另一头则连接着中心处理器。因此，主人便能够通过口头指令或其他方式的指令对家里的所有器具进行控制。

移动型机器人的制造技术也能够提高残疾人的移动能力，一个轮椅型机器人包括一个有明确定位能力的中心地图，还有一个普通的防滑装置和一个寻找路径的软件。轮椅的使用者只要简单地说一句"带我去浴室"或者"带我去厨房的桌边"，轮椅便会准确无误地把他们送到目的地。一个具有"魔力"的轮椅型机器人模型被制造出来，展示在公众面前，并频频在英国的电视秀"吉姆会搞定"上亮相（有趣的是，电视秀的导演还要求，取消每一单元剧中原本高质量的合成声音，而替代以类似机器人的笨笨哑哑的声音）。

七个小矮人

沃维克与雷丁大学的研究同伴发明了一种机器人，在它身上尝试一种对机器人智能结构的更具开放结果的探索意图。它与机器人"沃尔特"(Walter)相似，都是昆虫状的会走路的机器人。这些机器人遵循着由罗德尼·布鲁克斯第一个提出的"包容结构"。也就是说，它们的行为被分散成各个层次，既包括躲避障碍物这样的简单行为，也包括对世界进行探险与测绘的复杂行为。"沃尔特"的每条腿都是受独立控制的，且都受着"心跳"信号的直接影响。如果一条腿掉了或是残了，其他几条腿就会立即顶上，这也与真正的昆虫无异了。

与人类跟其他生物体一样，这种拥有不同结构层机器人的大脑与中心处理器只需发送一个简单的操纵信号，就能让机器人开始走路，或是进行其他活动。低水平的"神经系统"则处理接下来的任务。相对而言，大脑进行的则是高水平的活动，例如进行全程策划。"艾尔玛"(Elma)是第二代"沃尔特"机器人，它的使用更顺手，结构也更复杂。在它的内部，包含着一些有触觉能力的感应器，这些感应器能够允许腿去"感知"周围的环境，并随时作出调整。这一研究计划还在不断进行，研究者们也在给"艾尔玛"添加新的学习路线，帮它掌握新的技能。

科学成果：　　更安全的沐浴

雷丁大学的凯文·沃维克领导的团队所执行的一项计划证明，要想提出一种比之前更简单的、技术含量更低的解决问题的路径，在一开始并不是那么轻松容易的。

具体来说，这一问题就是如何使癫痫病患者在独自一人的情况下，能够安全地沐浴，不出任何差错。癫痫病患者通常都自己照顾自己的日常生活，不愿意接受同伴或是服务人员的帮助。而病症发作的时间通常是不可预测的，如果正好是病人在浴缸中洗澡的时间，那么他便很有可能一命呜呼。雷丁大学的科学团队找到了一种能够探测病症发作的肇端的途径，这样只要病人一出状况，水便能很快地从浴缸中退去，溺死的危险也就解除了。

癫痫发作时的激烈程度与表现状态各有差别，一些患者发作时会痛摔自己的肢体，另一些患者则只会眼皮频跳。尽管发病的同时，脑电波也有着明显的特征。当然，戴着一个布满了感觉器与电极的帽子是十分怪异的——更不要提在一个湿润的环境下，就必须经受潜在危险的考验了。

雷丁大学的实验室设计出来的一大群有轮子的机器人中，大都能从反馈信息中领会新信息。（最初设计了7个机器人，因此被戏称为“七个小矮人”。）每个机器人都有两条功能强大的轮子，前轮的外形像是投手一样。这些小小的、坚固的机器人喜欢做剧烈运动，而不习惯进行一些谨小慎微的探险活动。

“你好，沃维克先生！”

雷丁大学所进行的机器人技术研究如此有趣，以至于到了20世纪90年代后期，凯文·沃维克已经完全沉迷于一项更为大胆的实验——将人体直接与日益发展的智能机器的控制学世界直接联系起来。他自己已经全身心地投入这项研究中。

1998年8月，沃维克计划将一个小型的、大约1英寸(2.5米长)、0.1英寸宽的硅制芯片植入到他自己的手臂中。整个过程都用土法麻醉，大约进行了15分钟。

而那片小小的芯片却没有任何特别之处——许多年前，一种相似的芯片被植入到宠物的身体中，这样它们在迷路后也能被找回来。最了不起的是，沃维克实验室中的电脑经过特殊的设计，能够识别这种芯片并做出回应。当沃维克走路的时候，灯亮了，门也打开了，电脑也开始自动演示他的个人主页。甚至，沃维克还听到殷勤的问候声："你好，沃维克先生，你有新邮件啦。"

沃维克在接受《PC 世界》记者杰娜·桑特克莱因（Jana Sanchez-Klein）的采访时说，当他发觉自己对这一切适应得如此之快时，心里有多么惊奇：

"我在与电脑待在一起的时候，对自己了解得更多。要是我离开了实验楼，我就觉得若有所失。在家里，我需要自己开门开灯。我并不感觉到寂寞，只是觉得很有些不足。"

亲历者说： 机器缓冲车

雷丁大学早期设计的"七个小矮人"有时会发生串线，这样就变得十分危险。正如沃维克在《机器人行进曲》中回忆的那样：

"在'七个小矮人'的时代之前，更具实力的机器人已经投入使用了，它们有着敞开的齿轮盒。这些第一代机器人经常在实验室里上演生死时速，到处飞奔猛跑，不断地发出撞墙或是撞门的'砰砰'声。它们的前部装有大脑缓冲器，体格看上去则显得十分强壮。

"早期机器人的另一个亟须解决的问题就是：一旦我们让一个机器人开始工作，那么怎样才能让它停下来。在它工作的时候，要抓住这样一个猛跑猛转方向，并且有着一个敞开的齿轮盒的自动装置是一件很危险的事情，一不小心常常会弄伤自己。很多时候我们只能眼睁睁地看着机器人的电池逐渐使完，速度才平缓下来。"

也许雷丁大学的研究者们从"机器人战争"这种现代体育运动中得到了不少启发。在这些战争中，武装精良并受着远程控制的机器人在战斗中竭尽所能，奋力厮杀。除接受远程控制之外，这些机器人还装有安全的互锁，这能够保证它们在无人看管的情况下也不会走得过近。

沃维克在移植技术方面第一步尝试的结果十分对他的胃口，他开始寻找两者之间更深层次的联系。这种联系是不可能通过钻研机器而得出的，必须在它们与神经系统发出的信号进行交流时才能发现。沃维克下一步做的就是将其发展成为一种新的形态——那就是电子人。

从人到电子人

"电子人"（也叫"半机械人"）一词是"控制论的生物体"（大致与仿生学生命体同义，意思是既是生物的，又是电子的）一词的简称。一个电子人的诞生意味着将人的神经细胞、肌骨骼和其他系统与电力装置产生联系，使人体的各项功能得到提高或是延展。

从某种意义上说，每一个戴眼镜的、戴助听器的，或是拄拐杖的人都可以称作半机械人。所有这些装置都在某些程度上提高了人体的功能。为了将简单的协助装置与真正的半机械人区分开来，大多数理论家希望这些装置被连成一个整体，也就是说，将它们永久地联系起来，并通过复杂的关系互相发挥作用。举个例子，一个帮助耳聋的人获取一点点听力的耳蜗与耳朵就是一个统一的整体。一个能够直接对肌肉移动甚至是神经信号作出反应的义肢，也应该被视作向半机械人的靠拢。有一项实验虽然处在初级阶段，但却包含着重大意义。在这个实验中，研究者将光感应器直接与视神经连接起来，这使得盲人在特定的环境下，能够看见低分辨度的物体。

一个终极半机械人的身上，总会装上类似的装置，不仅仅是为了帮助那些残疾人，同时也是为了极大地提高普通人的能力，或者从整体上增加他们的新技能。首先，沃维克与其他博学多才的机器人研究者如汉斯·莫拉维克与罗德尼·布鲁克斯等，都有着同一种信念，那就是机器人的智力将会毫无疑问地超过人类，现在还在上高中的学生后半段的人生中，可能就会发生这样惊人的事件。

2000年，沃维克在给英国《卫报》的信中说：

"一个代替进化的可能就是通过'认识你很高兴'这样的方式，用发明中的电路系统将人类与他们自己结合得更紧密。我们人类有可能会进化成半机械人——一半是机械，一半是人。"

满足未来的机械主导的世界的要求，并不是沃维克进行半机械人研究的唯一原因。人类的神经系统直接与机器连接起来，这对理解神经信

争论焦点：　　　　方便性与私密性

能够持续不断地与电脑和其他有用的装置建立起联系，无疑是一件很便利的事情。它使得人类的大脑与感官功能都得到了无限的扩大，为他们提供了一种半机械化的生活状态。为了更好地创造这种拥有无限可能的环境，电脑需要知道你是谁——只有知道了你是谁，其他的才有可能知道，那么，它们有可能知道什么呢？

无线电频率识别芯片(RFID)的应用变得越来越广泛，不但在买卖商品时应用，在图书馆中也一样有市场。许多隐私权的提倡者们担心的是，这一技术将会被政府利用，窃听各种情报；同时也会将个人的位置、兴趣甚至是选择暴露给商人。而RFID的支持者们则辩护说，前者的担心是多余的，芯片收集数据的范围只是在几英尺之内。

不过到目前为止，还没有人敢将无线电频率识别芯片植入自己的体内，尽管一些夜总会已经向部分人提供了这种芯片，让他们体会到屏幕处理的感觉。看起来越来越多的人会对这种芯片感兴趣，他们可以利用它做一些繁琐的工作，加快自己工作的速度，例如在机场或药房登记。假释的罪犯(特别是性犯罪者)也会被考虑用上这门技术，一旦在他们身上装了芯片，就能让他们与学校等地方保持距离。无论是美好的愿望还是必要的禁止，目的都是为了监管，这在未来几年中仍会处于争议之中。

号控制与移动的细节也十分必要，同样对理解思想、情绪与神经活动的关系也有不可忽视的影响。

在不同的人之间建立起神经上的联系，不啻是对一些古老的哲学问题的回答。正如沃维克给《信报》写的信中所说的："当你感觉到疼痛时，它是不是比我的疼痛更强烈？当我认为这件东西是红色的时候，你是不是也同样这么想？"

在结尾文字中，沃维克说自己非常渴望看到半机械人的未来。不过在这之前，还有许多绕之不去的障碍需要我们去正视、解决。

半机械人2.0：神经系统移植计划

被沃维克称作"半机械人1.0"的那种无线电移植只是一个简单的小

手术,除了有可能感染伤口外,并不会给植入者带来任何危险。而相比较而言,“半机械人 2.0”的程序则不那么稳定。要安装它,必须先找到沃维克手臂的中心神经,再将它们变成 100 个个人电极的排列组合,每个电极的直径仅有几毫米。

如果它能顺利工作的话,沃维克与其他研究者们将能够同时控制 20 个以下的神经信号,并使它们部分地扩大。电所产生的推动力将会对植入物做出反应,使它们发出神经信号,这样一来,植入者便会有所感觉,例如沃维克的大拇指就会忽然弯曲。

这一过程在以前从未有人试过。由于植入物能够穿越神经细胞,它也会具有一定的危险性——这种危险可能是终生的。因此沃维克也不得不进行一场艰苦而繁琐的战役,从医学伦理学会那里争取到一纸批文,同时还要妥善处理所承受的法律责任和压力。而最重要的是,电极的排列方式在研究者那里,还未有定论。因此沃维克决心对电极制造商“仿生技术”公司缄口不提电极排列的事,以免公司不肯把电极卖给他。

终于,在 2002 年 3 月 14 日,沃维克前往牛津的拉德克里弗医院,外科医生皮特·泰迪(Peter Teddy)在沃维克的左腕上割了一道大约 2 英尺(5 厘米)深的口子,接着便探测到了位于中央的神经,当时这根神经正向手臂发送一种类似电击的感觉,并在手臂中呈上升趋势。在找到这根神经之后,泰迪医生又在沃维克的手臂上开了一道口子,在两个口子之间放了一根叫“撬杆”的塑料管(它能将神经植入物与沃维克手臂中的电线合成一个连接器,也就是沃维克说的“交叉射击”)。在完成这些艰巨的任务之后,便大功告成了。物体在植入神经之后,慢慢开始起作用……但在进入神经之前,却忽然停下来。这意味着压缩后的空气进去了,因而影响了正常工作。费了九牛二虎之力,终于成功地植进去了。最后泰迪医生将沃维克手臂上的伤口缝合起来。

半机械人实验

沃维克必须等待两个星期,才能知道植入物能不能很好地与神经连接起来。当研究人员检查每个神经信号的渠道时,他们发现沃维克手臂里的 20 个电极正在搜集沃维克的神经信号,这令他们大为欣慰。在接下来的两个星期里,他们不厌其烦地让沃维克的手指做各种各样的动作,以此观察哪块肌肉与特定的神经信号联系起来。这其实是非常难以办到的，因为一块肌肉往往会包含了几个相互交叠的信号。不过不管怎么说，沃维克现在已经具备了成为一个半机械人的条件。但是他究竟还会有哪些异常行为呢？在实验前后，英国和美国的媒体都广泛报道了他的故事，不过报道者们也无法预测到底会发生什么样的事情。

接下来，也是理所当然地，就要看看沃维克体内的这些特殊的神经信号能否适应外界的装置。研究者们建立了一个能够将神经信号转化为数据信号的分界点，其中这种数据信号则受着电脑程序的控制。最终，沃维克找到通过简单的手指移动，控制电脑显示的办法。更重要的是，他还向人们演示，只要微微地移动一下手指，就能轻松地驾驶电轮椅，并让它自由转向。这对那些重度瘫痪的病人来说，有十分现实的意义。

沃维克还展示了另一项有趣的实验，也是通过手的移动，控制一个由皮特·凯伯德(Peter Kyberd)发明的、有关节连接的机器人手。当沃维克把手握成拳头时，信号通过网络传递到机器人的手部，机器人收到信号后也做出同样的动作。这个直接受远程控制的神经系统向人们展现出了许多的"可能"。例如，假使有一天一个外科医生能够将自己的手和机器人的手之间建立联系，那么他就能在此基础上实施远程手术。或许还会有这样一种情况，那就是做过切断手术的病人的残肢也能接受到神经信号，这种神经信号又和机器手或腿建立起联系，使它们达到以假乱真的效果。

沃维克与他的同事在移植术进行的那两个月中，做了一系列有趣的实验。神经信号也被用来控制一群机器人之间发生的联系路径。在经过很多实验之后，他们终于能够证明，沃维克的神经系统与外界世界的联系是双向的。也就是说，他能够收到电子传送的神经信号，它们会迫使他的肌肉对其做出反应。

人类连接器

在沃维克的心里，还深藏着一份渴望，那就是做一次终极意义上的实验。时间一天一天地过去，医生们开始担心移植物如果待在体内的时间过长，将会与身体融化在一起，那时要想将它们轻松地除去，就几乎是不可能的。此外，电极也已经莫名其妙地逐渐失去效用，只有一小部分仍然处于活跃状态。

沃维克的第二任妻子艾雷纳(Irena)非常渴望与沃维克一起分享他在半机械人领域的探索。刚开始,他们也觉得对她做移植手术没什么问题,这样一来,夫妻二人就能彼此发送神经信号了。但是相关部门的一些禁忌使这项计划无法实现,于是,他们只能在艾雷纳的中枢神经中植入两根普通的电极针。

最终,沃维克与艾雷纳的神经系统连接在了一起。如同沃雷克在《我是半机械人》一书中所写的:

> *“我在焦急地等待。时间过得如此漫长,仿佛已是一个世纪。但是忽然地,我左手的手指感觉到了一种突如其来的奔突之流,仿佛是一次美好、甜蜜的性体验。这种感觉是我从未经历过的。在这种感觉的包围之下,我只有惊奇地跳起来,大声对自己说一声:‘是了!’”*

一个开放的未来

2000年,沃维克以“机器人的兴盛”为题,给伦敦皇家学院做了一系列的演讲(电子工程师迈克尔·法拉第在1825年曾做过同题演讲)。沃维克在组织学院间的机器人技术交流活动,也同样受到英国工程学与物理学研究委员会的“千禧年表彰”。此外,他还收到麻省理工学院授予的未来健康技术奖。

而今沃维克仍旧担任雷丁大学的控制论教授。除了监督机器人研究计划外,他还负责一项大学研究所与技术公司的合作计划,以获得资金上的支持。

沃维克最大最突出的贡献则是在他的讲座与研究中体现出来的、对半机械人技术可能会带来的收益与随之而来的巨大风险的深刻认识。正如他在《我是半机械人》一书接近结尾的部分所写到的:

> *“我们人类面临的一项重大问题就是,当我们真的有可能成为‘超人’时,将怎么办?……我在实际的工作中感受到一些可能的危险,是不是应该现在就停止呢?我们是不是干脆什么都别想,只管去做就是了,只管享受带来的满足,只要有足够的资*

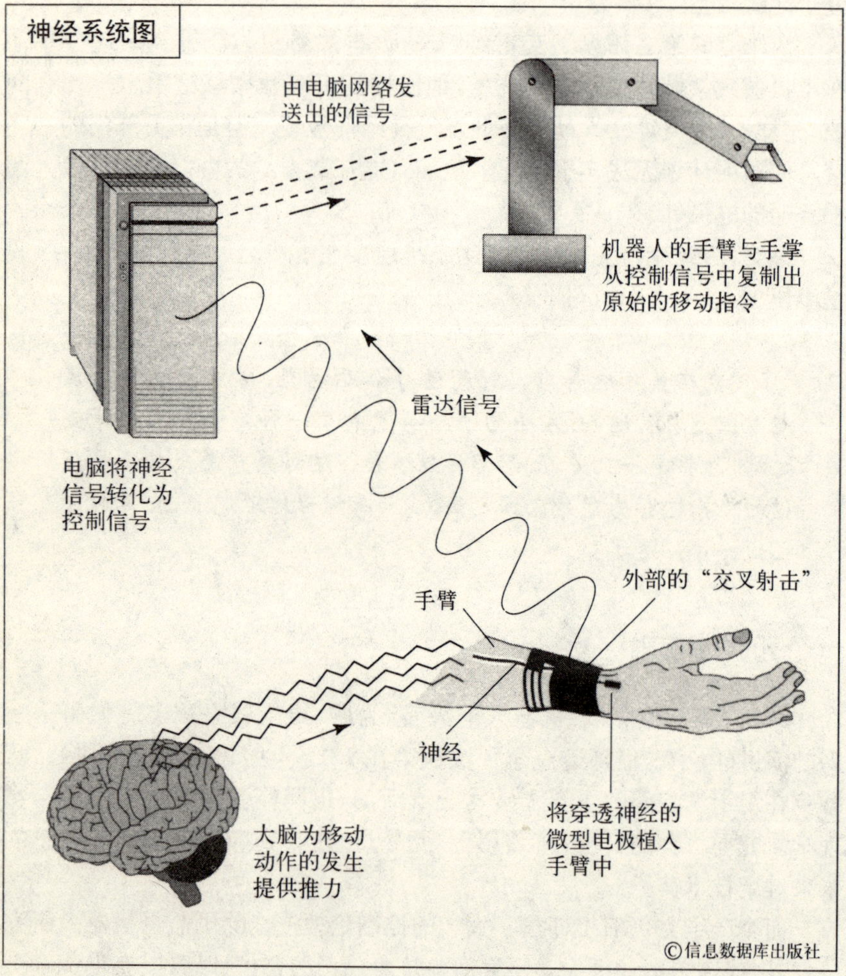

上图详细说明了神经系统的移植及其相互之间的网络联系，通过这种联系，世界上任何地方的机器人都能被远程控制。更不要说通过键盘和鼠标控制了！

金推动我们的工作继续前进？或者，我们是不是应该拟定一份国际合作协议，让政府进行相关立法？”

不论怎么说，机遇是绝佳的，而且在未来的若干年中，这项技术也将进入到社会与政治意识领域中去，接受进一步的检验。

社会效应：“扩大的”与“正常的”

在关于半控制技术对残疾人的帮助，使他们获得健全的生存能力方面，是没有太大争议的。举个例子，在10—20年中，植入的电子装置也许能够跟踪追击某个毁损的关键部位，使瘫痪的病人重新站起来。这项新的电子神经关联技术对聋者与盲者来说同样适用。

让我们想象一下，几十年后，直接的神经系统移植术将人们与电脑紧密地联系在一起。那么，一幅图像是不是能通过视觉神经传送，或者说，相关的信息是否能直接传送到大脑中呢？答案恐怕是：这个接受移植手术的人将会与互联网建立起直接的联系——也就是说，那时的网络会比现在的强大数千万倍。除了电脑之外，这样的人的相关信息还会键入世界上任何一台照相机中，只要网络是通的，他的感觉就会被扩大到世界的任何一个地方。人与人之间的联系将会变得迅速流畅，不论是默默交流，还是精神图像的直接传送——电子心灵感应的实现，心领神会的境界变得可望又可及。

那也是计算机朋客的世界。1984年，威廉·吉普森（William Gibson）在他的小说《新小说》中第一次提到了这一形象。正如他与其他的小说家所描述的那样，人类的提高过程是一个复杂的过程，而最主要的阻碍因素则是这项技术过于昂贵，只有一小部分人才负担得起，正如20世纪80年代个人电脑只属于中产阶级与上层人士一样。

如果世界上只有一些人能够享受到科技带来的便利，而另一些人则不能越过正常的精神能力与感知能力时，不同阶层的分歧和矛盾将会变得越来越明显。最近几年中，来自社会上的批评声音也不绝如缕，他们强调说，电子技术正在将人们之间的鸿沟拉大，那些能接触到网络与其他技术（并掌握相关知识）的人与那些处于信息不对称状态的穷人或是弱势群体之间，是完全不平等的，未来的生活将有天壤之别。那么，得到益处的人群与普通人之间是否能和平共处，消泯掉任何冲突呢？如果这一技术越来越大众化，能为普通人所接受，那么这一问题是否还称之为问题，是不是能最终解决呢？也许对普通电脑使用者来说，有效率的使用技术不是那么容易获取的，必须通过严格的训练，而且教育系统也要面向社会经济背景上的差异，做出相应的调整。

现在的电脑能够击败人类中最好的棋手。那么,是否有一天机器人也能在足球比赛上胜过人类呢?上图显示的就是 2004 年在葡萄牙的里斯本举办的机器人杯锦标赛中的一幕。

生平年表

1954 年	2 月 9 日,凯文·沃维克出生于英国的考文垂
1960 年代	沃维克的父亲接受的一个手术引起了沃维克对神经学与人脑的强烈兴趣
1970 年代	在电信公司担任电话技术人员
1974 年	电视剧《拥有六百万美元的人》普及了半机械人的仿生有机体的理念
1976 年	进入阿斯顿大学学习
1979 年	获得电学与电子工程的学士学位
1982 年	获得了伦敦皇家学院的博士学位

1983—1985 年	在纽斯卡尔大学担任教师,同时兼任牛津大学的课
1988 年	成为雷丁大学控制论方面的教授
1990 年代	与其他研究人员一起开发为残障人士提供辅助的技术
1991 年	开始研究"七个小矮人"与学习型机器人之间的协调合作
1998 年	8 月,沃维克接受了一次异频雷达收发机的移植手术;它使电脑与其他控制楼内门与灯的装置建立起联系
2002 年	3 月 14 日,沃维克的手臂中植入了一套神经系统的排列组合;手术之后,沃维克立即发现自己能够发送并接收神经信号,并且能够控制电脑与机器人

扩展阅读

图书:

凯文·沃维克,《我是半机械人》,伊利诺斯大学出版社,2002 年。在这本自传中,沃维克讲述了移植实验的详细过程。

凯文·沃维克,《机械竞赛:人工智能领域的突破》,芝加哥:伊利诺斯大学出版社,1997 年。在书中,沃维克回顾了人工智能与机器人技术的发展过程(包括他在雷丁大学所做的工作),并讨论了随着新的智能机器时代的来临,我们关于智能技术的许多想法都要被刷新了。

文章:

杰娜·桑特克莱,《因为检验人类与电脑之间的联系,计算机未来学家将芯片植入人臂内》。CNN.com(摘自 PC 世界.com),1998 年 4 月 28 日。可在线阅读。网址:http://www.cnn.com/TECH/computing/9808/28/armchip.idg/index.html. 自 2005 年 9 月 2 日起可在线访问。文中描述了沃维克将一片硅芯片植入自己手臂的实验过程,这使得他能在不用键盘或其他输入设备的情况下,与电脑联系起来。

凯文·沃维克,《我想变成半机械人》,为《卫报》所写的信,2000 年 1 月 26 日。可在线阅读。网址:http://www.guardian.co.uk/Archive/Article/0,4273,3954989,00.html. 在文章中,沃维克解释了自己为什么愿意冒险,其中包含了尝试人类的无限可能的意图。

网站：

“凯文·沃维克教授”，网址：http://www.kevinwarwick.com. 自 2005 年 9 月 20 日起可在线访问。

学科发展年表

1921 年	在卡雷尔·卡帕克的《罗森的全能型机器人》一剧中，首次出现了捷克语中的“农奴”一词，或者说“劳动力”。这个词用来形容那些能够从事复杂工作的机器
20 世纪 40 年代	第二次世界大战的爆发对电脑、通信与控制装置的发明都起了巨大的推动作用
1942 年	科幻小说作家艾萨克·阿西莫创造了“机器人技术”一词，并提出了主导机器人行为的“三条定律”
1944 年	诺伯特·维纳呼吁加强学科与学科之间的联系，并提出将计算机、控制技术与生物学结合起来研究
1948 年	诺伯特·维纳出版了《控制论》一书，对机器与生物体中的交流与控制力进行了细致的分析
1950 年	格雷·沃尔特的“机器龟”表明，简单的相互作用也能带来复杂的行为方式
1956 年	约瑟夫·英格伯格与乔治·德沃尔成立了通用公司，并开始着手设计世界上第一个工业用机器人
1961 年	第一个通用机器人开始在通用汽车制造厂投入工作

1963 年	受电脑控制的雷秋手臂表明，机器人在为残障人士提供生活援助方面，非常有用
1970 年	SRI 国际“夏克”是史上第一个运用人工智能进行导航的机器人
1979 年	汉斯·莫拉维克改进的斯坦福车运用了照相机与电脑系统，能够在一间满是椅子的房间里开出一条路来
1982 年	马克·莱伯特制造了世界上第一个会跳跃的，并能保持平衡的机器人
1984 年	约瑟夫·英格伯格发展了“互助”机器人技术，并进一步研制出服务型机器人
1986 年	马克·莱伯特在麻省理工学院成立了“腿实验室”，并展示了新设计的一种两足机器人
20 世纪 90 年代早期	罗德尼·布鲁克斯设计了机器人“考格”，它会像人类一样，会对某样东西产生高度“兴趣” 辛西亚·布雷泽尔在“考格”之后，进一步研制出了机器人“科斯麦特”，它是一种模拟婴儿式的“社交型”机器人
1997 年	美国宇航局设计的拥有 6 个轮子的机器人“旅居者”开始了火星探测活动
1998 年	汉斯·莫拉维克声称，到 2040 年，机器人的智力将会赶上人脑的智力水平 凯文·沃维克在自己的手臂中安装了一种雷达芯片，通过它与电脑交流，并在一定程度上改变周围的电脑环境
2000 年	本田公司设计出了一种敏捷的类人型机器人“阿西莫”，不但能跑能跳，还会跳舞 iRobert 公司的科林·安格、海伦·格雷纳与罗德尼·布鲁克斯生产出一种叫“我的真正的婴儿”的机器人玩偶，并将它投放市场

2002 年	iRobert 公司设计的真空除尘型机器人“鲁姆巴”出现在公众面前 凯文·沃维克展示了人类的神经系统与机器人之间的双向交流
2004 年	美国防御部门资助了机器狗的设计，其目的在于为前线士兵及时提供补给
2005 年	iRobert 公司发明了一种新型的军用机器人“帕克波特” 一个由斯坦福大学设计的机器人控制的大众汽车 SUV 在内华达州进行的一次赛程长达 132 英里的比赛中获胜

译者感言

机器人从出生到现在，不过是一百年前后的事，可是无论从数量还是质量来说，都来势汹汹，已经大大超过了人们的预期。哈里·汉德森在书中选取了一些具有代表性的发明者及其发明的机器人，包括工业机器人、服务型机器人、会走路的机器人、半机械人等等。这些形形色色的机器人的诞生，仿佛宣告了一个新的时代的来临。正如上帝创造亚当和夏娃一样，人类也凭借自身的聪明智慧创造了一个完全听命于自己，并且具备一定能动性的新“物种”。这不能不说是现代科技史上的一个奇迹。

现在的机器人，已不是实验室中的专宠或是什么稀奇物种，也不会仅仅对人们作出单方面的回应或是简单的交流。而今，它们不但能代替人类做各种危险或无聊的工作，还逐渐成为人类的伙伴，甚至是挚友。而且，越来越多的机器人开始进驻外太空，代替人类做一些科学探险活动；或是进驻前线，接手营救人质与解除炸弹的危险工作。精准、机敏、忠诚、勇敢、活泼……这些词汇加诸在它们身上，已绝非溢美之辞了。

更令人震惊的是，据汉斯·莫拉维克声称，到2040年的时候，机器人的智商会与人类相等，看来，人类成为机器人豢养的宠物的预言也不是完全空穴来风的，人工智能技术经过若干年的发展，真的有可能达到一个不小的高度。如何在适当的范围内避免这种危险的发生，同时重新划定伦理道德的界限，也是人们必须思考的问题。否则，真的有一天，外太空的机器人重新进攻地球，夺取生产线的使用权，那就有可能重演科幻小说的故事。不过这也是另外一个议题了。

而本书在关注机器人的同时，也关注到这样一群人——他们是科学界的先锋人物，他们从小可能就对电子技术或是控制技术感兴趣，或是受到电影和科幻小说的“蛊惑”，而致力于将自己的青春与才智贡献到机器人的发明中去；他们不断思考着如何通过智能机器的制造为人类谋福，使它们不但适用于高尖端的科技前沿，还能悄然走进工厂与千家万户。他们中还有几位光彩熠熠的女性人物，她们的出现，使得机器人的发明成为一项温暖而非冰冷的事业。

在翻译本书的时候，我常常在想他们的发明动力是什么，也许，正如天文学家渴求获知天上星辰的奥秘，地理学家企盼重绘亿万年之前的地形图，生物学家力争将生物体的结构展现得纤毫毕现一样，机器人发明家则是一群梦想者与实践家，或者更进一步地说，是一群科学界的顽童，或是懒汉，他们想着怎样开发出一种新的智能机器，代替自己做各种各样的事情，并和自己交上朋友。当然，这个过程也不免布满汗水与泪水，当发往外太空的机器人立即与地球失去联系时，当花费无数辛劳而机器人仍木讷如初时，当如日中天的科学研究受到来自社会的种种阻碍之时，他们的心情，一定也是无奈而彷徨的。但一切失败都在为成功铺路，一切都能重新振作，新的技术、新的科学正在逐步崛起，衍生替代产品也在目不暇接地出现，机器人大军正在一日千里地向前迈进。

正如人类在开发机器人的过程中也渐渐被人类自身的复杂性所震惊，进而发现了自己一样，机器人的发明也体现了人类重塑自己的努力。凯文·沃维克曾经说："作为人类，我们的地位很脆弱。我相信我们有技术、有能力创造出不仅像人一样聪明，而且还会继续发展得比人更聪明的机器。"这不仅是人类与自然的交战，更是人与自身所进行的一次艰苦卓绝的战斗。这场战斗还远未到结束的时候。为此，更值得向这些科学家们致敬。

管　琴

2007 年 9 月